爱上科学

Science

流星观测指南

手把手教你零基础

观测和拍摄流星

■ 周昆　　编著

人民邮电出版社

北 京

图书在版编目（CIP）数据

流星观测指南：手把手教你零基础观测和拍摄流星 / 周昆编著. -- 北京：人民邮电出版社，2023.4
（爱上科学）
ISBN 978-7-115-59852-3

Ⅰ. ①流… Ⅱ. ①周… Ⅲ. ①流星余迹－天文观测－普及读物 Ⅳ. ①P185.82-49

中国国家版本馆CIP数据核字(2023)第038195号

内 容 提 要

流星携带着太阳系形成之初的物质，是研究太阳系形成的重要信息载体。有的流星也携带着丰富的水和有机物，以及构成生命的碳、氢、氧和磷等元素，对研究地球生命起源有着重要意义。当前，欧洲、北美，以及澳大利亚等地已经在构建自己的流星监测网。这些流星监测网不但可以提供监测数据推动相关研究进展，同时也能面向公众进行广泛的科普宣传。本书作者创立的青岛艾山天文台从 2017 年开始筹建流星监测网，2018 年提出建立全国流星监测网的倡议，到目前为止，全国已经有 40 多个站点，填补了国内在大规模流星监测上的空白。

本书浓缩了作者 20 多年的流星观测经验，介绍了关于流星的基本知识、流星观测的重要意义、流星观测的具体方法等内容。本书不仅向读者科普了流星的基本概念，更重要的是，书中还详细地介绍了如何科学地观测和拍摄流星，让读者真正感受到流星观测的乐趣和意义。本书适合普通公众和初级天文爱好者阅读。

◆ 编　著　周　昆
　责任编辑　胡玉婷
　责任印制　陈　犇

◆ 人民邮电出版社出版发行　　北京市丰台区成寿寺路 11 号
　邮编　100164　电子邮件　315@ptpress.com.cn
　网址　https://www.ptpress.com.cn
　北京瑞禾彩色印刷有限公司印刷

◆ 开本：700×1000　1/16
　印张：11　　　　　　　　　2023 年 4 月第 1 版
　字数：207 千字　　　　　　2023 年 4 月北京第 1 次印刷

定价：99.80 元

读者服务热线：(010)81055493　印装质量热线：(010)81055316
反盗版热线：(010)81055315
广告经营许可证：京东市监广登字 20170147 号

序 1

这本书是一位"追星"大哥哥写给"追星"小伙伴的指导用书。即使本人已经是80 多岁的老人，也愿意和大家一起学习、一起"追星"。

两年前，周昆的第一本书出版了，书名为《月球观测指南》，这是一本介绍月球的入门书，能让普通读者迅速进入月球世界。看完《月球观测指南》，我才知道他在大山里有一个自己的天文台，所以决定去拜访他。2020 年的春天，我从北京到青岛，跨过长长的胶州湾大桥，来到远离市区的一个村落的山脚下，这时山坡上走来一个年轻人，我想这可能是台长派下来接我的，怕我年纪大了，爬山有困难吧。但令我意外的是，他就是周昆。

寒暄几句后，我就迫不及待地跟着他去看这个国内并不常见的、成规模的私人天文台。他的青岛艾山天文台坐落在一座小山上，山坡上有几块"炮口"朝天的望远镜阵地，有日夜监测流星的装置，气象设备齐全，风铃叮当作响。我还发现了与我的专业有关的设备，在半空中树立着一个八木天线和一个巨大的抛物面天线，这不是接收电视和调频广播信号的，而是天文学家的另一只"眼"——射电望远镜的前端。在它们的周围，花草茂盛。青岛艾山天文台真是一处神仙宝地，上迎天气，下接地气，孩子们来了一定欢天喜地，燃爆人气！

说回流星，回忆童年时光。在夏天炎热的夜晚，老家农村的大人们会把门板卸下来，在院子里搭床，小孩子们就躺在床上看满天繁星，嘴里念着母亲教的儿歌"青石板，板石青，青石板上钉银针"。每当看到一颗流星划过，我们就会大喊："贼星，贼星！"那时候不知道它的学名叫"流星"，人们大都叫它"贼星"，可能是因为它跑得贼快吧。我知道周昆以前是记者，而且还是中国晚报界最高奖项"赵超构新闻奖"的获得者，这个职业为周昆带来了敏锐的洞察力和从一定高度观察事物的能力，所以，无论是《月球观测指南》还是《流星观测指南：手把手教你零基础观测和拍摄流星》，再或者后面还会有什么指南，这种针对某一个天体或者某一个天文事件所展开的攻略式图书目前在国内是非常少见的，我认为这正是它的宝贵之处。论精准科普，或者说论观测指导用书，这两本书算是先驱了，对于真正想了解这些事情的人来说，它们是非常宝贵的资料。特别是，流星作为热门观测对象，知名度很高，所以在这种情况下，这本书太应景了、太及时了。有了这本书，我们就不会再傻傻搞不清流星的"前世今生"；读了这本书，我们就可以好好地探索流星的"来龙去脉"，最主要的是，我们知道怎么去观测流星了。

祝愿本书的读者、"追星"小伙伴们能看到流星、流星雨，最好能看到流星陨落，捡到一块陨石（目击陨石）！

85 岁发烧友　刘天骥（天马）[1]

2021 年 8 月　北京

---

[1]　中国青少年社会教育"银杏奖"终身成就奖获得者。曾组织 1980 年青少年云南德宏州日全食观测、1986 年青少年海南岛哈雷彗星观测等活动；退休后以自己的力量在泰山茶溪谷创办"天马小朋友科技活动站"（包括天文项目），为更多孩子服务。

序 2

　　流星携带着太阳系形成之初的物质，是我们研究太阳系形成的重要信息载体；有的流星也携带着丰富的水和有机物质，以及碳、氧、氢和磷等生命必需的元素，对研究地球生命起源有着重要意义。

　　当前，欧洲、北美，以及澳大利亚等地已经在全球领导构建自己的流星监测网。这些流星监测网不仅可以提供监测数据推动相关研究进展，同时也能面向公众进行广泛的科普宣传。

　　中国人对流星的观测和记载有很长的历史，自有文字记载以来，一直记载着各种流星和陨石现象。中国还是最早记录彗星的国家，公元前 613 年首次记载了哈雷彗星。但中国一直没有建立起自己的流星监测网。

　　周昆和他的天文台打破了中国流星监测网的零记录。青岛艾山天文台从 2017 年开始筹建流星监测网，2018 年提出建立全国流星监测网。到目前为止，全国已经有 40 多个站点，填补了国内流星监测网的一个空白，这令我非常惊喜。为此，我去了一趟青岛，去了青岛艾山天文台，见到了周昆，我们很快碰撞出了火花。我在青岛艾山天文台全国流星监测网的基础上，提出了"罗扇项目"。这是一个以获取流星光谱为主要目的的项目，希望各位天文爱好者和天文工作者参与进来，集合大家的力量，建立更加完备的中国流星监测网。"罗扇"二字取自唐朝诗人杜牧的诗《秋夕》中的一句"轻罗小扇扑流萤"。我们希望能借助大家的力量，用我们的流星监测相机这个"罗扇"来捕捉到中国上空的流星（流萤）。

　　《流星观测指南：手把手教你零基础观测和拍摄流星》的出版对于初级流星观测者来说是一件好事。网络时代和天文摄影大时代的到来，虽然让我们更容易捕捉到流星，但是可能会失去科学严谨性。在这本书里，作者重新将很多严谨的科学观测方法纳入，并向大家介绍了全国流星监测网的情况。"罗扇项目"是一个天文爱好者和天文学家们通力合作的项目，希望大家积极参与进来，以便能同时获得科普价值和科学价值。

中国科学院国家天文台副研究员　李广伟[2]

2021 年 8 月　中国科学院国家天文台

---

②　李广伟，中国科学院国家天文台副研究员，流星光谱观测"罗扇项目"的提出者和负责人，主要研究领域为银河系子结构、大质量恒星、耀发星、天文图像处理等；其团队曾发现银河系内自转最快的恒星。

前　言

流星是天文现象中的绝对"网红"。

走在大街上随便找一个路人问，想看星空中的什么现象，人们十有八九会说"流星"或者"流星雨"。

中国当代天文科普有几个分水岭，它们见证了中国普通民众在自然科学上认知的跨越。一是 1986 年哈雷彗星的回归。在那个物质和精神相对贫乏的年代，哈雷彗星的回归让全民为之疯狂。即便这一次的回归位置偏南，哈雷彗星仍犹如一颗久违的火种，点燃了公众对自然科学的热情。二是 1997 年的漠河日全食和海尔 - 波普彗星的回归。日益丰富的物质生活让人们对精神生活和科学素养的追求得到了无比的满足和释放，中央电视台有史以来第一次对重大天文现象的直播也让民众充分领略了宇宙的魅力。三是 2001 年狮子座流星雨的爆发。高校的年轻学子披着棉被在宿舍内和操场上彻夜欢呼，人们的身影挤满了冬夜户外的诸多角落。从哈雷彗星的"火种"，到日全食、海尔 - 波普彗星的加持，再到狮子座流星雨大爆发的"燎原"，中国全民天文科普时代已经到来。中国大地上出现了越来越多仰望星空的人，再也没有一个天文现象被无视，而流星作为星空的最佳"代言人"，一直承载着公众对星空的热情和期盼，从未间断。我们相信，天文学中的"引路人"就是流星。一闪而过的流星可以不费吹灰之力让公众自愿抬起头，合起双手，期待着它的再一次出现。

毫不夸张地说，除了奥运会、世界杯这种全球性的体育盛会，在星空下自发等待流星的公众数量可能是最多的，他们遍布世界的每个角落，举着数不清的各种相机跃跃欲试。这是一个多么令人欣慰和感动的探索场景。

回望 2001 年的那一场狮子座流星雨大爆发，20 多年过去了，我们对于流星雨的预测方法、观测手段都有了质的飞跃，但实事求是地说，现在公众提出的问题与 20 多年前提出的问题并没有区别，这是一个非常严肃的问题，也是一个值得反思的问题。我们特别希望能少一些人问"流星雨出来了吗？""流星雨往哪个方向看？""流星雨怎么这么少？"这一类已经被问了几十年的老问题。虽然通过网络，我们可以轻松地找到这些问题的答案，但是非常遗憾，收效甚微。网络信息的碎片化让人们很难在第一时间找到解决问题的方法，但一本专业且易懂的图书可以成为解决问题的最佳选择，虽然图书没有网络的"翅膀"，但却有"燎原"的底蕴。

流星观测是青岛艾山天文台的主要科研方向。青岛艾山天文台建有全国最大的流星监测网，同时与中国科学院国家天文台李广伟团队合作开展国内唯一的流星光谱观测项目——"罗扇项目"。无论是以前的单一科普，还是目前的科研加科普，20 多年的积累让我们在流星科普这个领域已经做得游刃有余。2020 年，我们计划中的第一本基础观测指南类图书《月球观测指南》出版，《流星观测指南：手把手教你零基础观测和拍摄流星》是计划出版的几本天文观测指南类图书中最让我们期待的一本。如果它能成为一本广为人知的攻略手册，将会是一件让人非常有成就感的事情。

《流星观测指南：手把手教你零基础观测和拍摄流星》浓缩了我 20 多年的观测和科普经验，还介绍了很多最新的、公众可以参与的科学项目。我们尽量用小篇幅文字介绍流星的基本知识，在给大家普及基本概念的同时，尽可能用大篇幅文字让大家参与到科学观测和自己动手的行列中，真正感受到天文观测的乐趣和价值。2019 年，青岛艾山天文台在青岛科技周上提出"在家当天文学家"的建议，鼓励大家在玩的同时又能产生科学数据，将自己的科学数据纳入国际科学大数据体系中。希望大家在爱好得到满足的同时能有更高的视界，建立更广阔的世界观和科学观，"玩出名堂"并不是一件很难的事情，关键在于谁来引导。青岛艾山天文台开放了所有关于流星科研项目的平台，有兴趣的公众可以零门槛参与。在本书中，我们还将介绍如何使用流星射电望远镜、如何寻找和鉴别陨石等，并在古籍中找出了 109 段很有代表性的文字让大家去了解古人观天的状态。可以说，本书涵盖了当今流星科普的大多数领域，能让有不同兴趣点的读者找到自己喜欢的领域，并参与其中。

公众对科学数据的贡献是国家软实力的体现，我们特别希望在国际数据库中，能出现更多中国的普通爱好者的名字，这些名字的前面都会有一面鲜艳的五星红旗。做到这一点不难，在流星的观测中更是如此。本书将教你怎么做。

周昆

2021 年 2 月 11 日　青岛艾山天文台

作者简介

周昆

青岛艾山天文台台长，记者，中国科普作家协会会员，威海市天文爱好者协会名誉会长、淄博市天文爱好者协会顾问。曾获得中国晚报界最高奖项"赵超构新闻奖"。

目　录

第1章
流星的基础知识

1. 流星体

在太阳系中，除了我们熟知的八大行星及它们的卫星、彗星、小行星，还有很多的星际"碎屑"。它们绝大部分来自天体之间的碰撞，或者是太阳系形成时没有被使用过的"建筑原料"，还有一部分来自彗星和小行星自身瓦解的颗粒。国际天文学联合会定义：流星体是固体颗粒，直径为 100μm ~ 10m。这些或大或小的颗粒在太阳系中飘浮，有些是统一行动的团体组织，有些则是独来独往的星际"徐霞客"，因为它们的存在，我们仰望的星空不再千篇一律，我们也越来越有一种"忧天意识"。随着科学的发展，我们开始慢慢地了解并且研究它们。

2. 流星

在流星体临近地球时，因其自身的运动和地球引力的双重影响而进入地球大气层，产生发光发热的情况。流星的亮度差别很大，这主要是由流星体自身的体积决定的，肉眼在极好的观测环境下能分辨 5 等左右的暗流星。在夜晚，亮度为 2 ~ 3 等的流星最为常见。

但是要注意一点，流星的发光现象并不是因为流星体与大气层的摩擦而产生的。更准确地说，流星在进入大气层后所产生的热量大部分是由于空气的压缩，摩擦空气产生的热量只是很小的一部分。流星发光不是因为它的燃烧，而是因为空气分子和流星的分子在高温高压下等离子化了，流星的颜色就是等离子体在不同能级下的颜色。

▲ 流星并不罕见，每天都会穿梭在夜空中（图 / 周昆）

3. 陨石

　　如果流星体的体积足够大，在穿过大气层后没有被完全升华，那么剩余的部分将坠落在地球上，这就是陨石。

　　陨石有大有小，小到只能算是一颗小小的尘埃，没有专业知识和设备基本无法分辨；大陨石则可以达到几吨或者几十吨重。我们必须明确，很多大型的陨石其实并不属于流星体，从体积分类来看，它们属于小行星。陨石是我们研究宇宙起源和太阳系起源极为重要的星际标本，也是我们今后开展太空采矿非常重要的研究对象，更是我们建立地球撞击风险预警的"警示"。

　　流星体、流星和陨石是一种物质在不同阶段的不同名字，我们将专门在第 12 章中为大家介绍陨石的相关知识。

4. 偶发流星

天气晴朗时，即便是在满月的情况下，只要你有毅力，基本上也能看到流星。从活动规律上区分，夜晚我们能看到的流星有两种，一种是我们非常熟悉的流星雨，另一种则被称为偶发流星。

在太阳系广袤的空间里，有很多独来独往的流星体，它们也许来自太阳系形成初期没有被使用过的"建筑原料"，也许来自其他天体（如小行星、彗星、月球或火星）的撞击抛射等。从轨道分析上来看，偶发流星不符合主小行星带和彗星的特征，没有规律可循，所以被冠以"偶发"的名字。

偶发流星中的一些比较大的物质掉到地球上形成陨石，其中最令科研人员着迷的就是来自月球和火星的陨石，这是一件令人非常兴奋的事情，它们的太空之旅也充满了刺激。在太阳系形成初期，整个星际空间因为无序而经常发生各种撞击事件，很多大型的流星体猛烈地撞击到月球或火星上，使这两个天体中很多被溅飞的石块以极快的速度逃逸出月球或火星。经过漫长的岁月，这些石块进入了地球的引力范围，最终落到了地球上。火星陨石和月球陨石是上天赐予人类研究地外星球的大礼，是我们不用飞出地球就能获得的珍贵的星球标本。截至目前，据不完全统计，人类在地球上已经收集了 170 余块月球陨石标本、15 块火星陨石标本。这些陨石标本为人类进一步研究这两个天体提供了巨大的帮助。

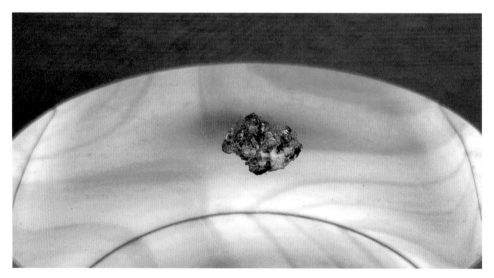

▲ 月球陨石（无球粒陨石）（图／周昆）

5. 流星雨

　　有一些流星有一定规律可循，也就是在出现时间和轨道分析上都有一定的规律，这一类流星不属于偶发流星，它们被称为流星群，它们进入地球大气层后有一个我们非常熟悉的名称——流星雨。

　　目前，流星群产生的原因主要有两种，一种是由彗星自身物质产生，另一种是由小行星自身物质产生。

　　彗星是太阳系中古老的天体之一，它们来自太阳系边缘一个被称为"奥尔特云"的寒冷区域。组成彗星的主要物质是各种混合的砂石和冰雪，它们被形象地称为"脏雪球"。这些"脏雪球"绝大部分会"老老实实"地待在奥尔特云中，但是也有一些不"安分"的成员会择机逃跑，开始前往太阳的星际旅行。它们中有的彗星只经过太阳一次便不再回头，进入更为深远的星际空间，这一类属于非周期彗星；还有一些彗星会按照一定的轨道，每隔一段时间就回到太阳身边，这就是周期彗星。哈雷彗星就是首颗人类有记录的周期彗星，它大约每隔 76 年便会回到太阳身边一次，上一次回归是在 1986 年。

▲ 出现在 2013 年春季的泛星彗星（图 / 周昆）

▲ 出现在 2013 年春季的泛星彗　　　▲ 出现在 2018 年的 46P 彗星与昴星团（图 / 周昆）
　星（图 / 周昆）

谷神星 3 月 8 日
谷神星 3 月 9 日

谷神星 3 月 11 日

▲ 人类发现的第一颗小行星谷神星在星空中的移动（图 / 周昆）

▲ 2020 年惊艳全世界的 C/2020 F3 彗星（图 / 周昆）

▲ 2020 年惊艳全世界的 C/2020 F3 彗星（图 / 周昆）

　　在彗星从太阳系边缘前往太阳的旅途中，必然会先经过地球运行轨道，有的彗星运行的轨道与地球运行轨道的距离很近，甚至会与地球运行轨道相交，这就为流星雨的产生提供了先决条件。当彗星经过土星运行轨道之后，太阳的光和热便开始产生明显的作用，"脏雪球"因为温度的升高而开始产生物质蒸发的现象，而太阳每时每刻都在喷射的粒子流——"太阳风"，则会让彗星产生一条背向太阳的尾巴——彗尾，这就和一位长发飘飘的美女站在电风扇前，头发会向后飘的道理是一样的。随着彗星越来越靠近太阳，本身的蒸发量也就越大，尾巴也越来越长。在强烈的阳光和太阳风的作用下，彗星会慢慢瓦解。这样一来，很多原本属于彗星的物质便会脱离彗星本身，被留在它所运行的轨道上，形成流星群。当地球经过某一颗彗星的运行轨道时，这些被遗留在轨道上的原彗星物质就会成群结队地进入地球，形成流星雨。曾经在 2001 年发生的"流星暴雨"狮子座流星雨就是这样形成的，它的母体彗星名叫坦普尔－塔特尔彗星，其周期是 33 年。

　　小行星引起流星雨的情况比彗星引起流星雨的情况要少得多，但其形成机制和彗星引起的流星雨的形成机制差不多，就是一颗脱离了位于火星和木星轨道之间的主小行星带的小天体的运行轨道与地球运行轨道相交，小天体自身瓦解的物质形成流星雨，主要代表是双子座流星雨，形成它的母体是法厄同小行星，其围绕太阳运转一周的时间是 1.4 年。

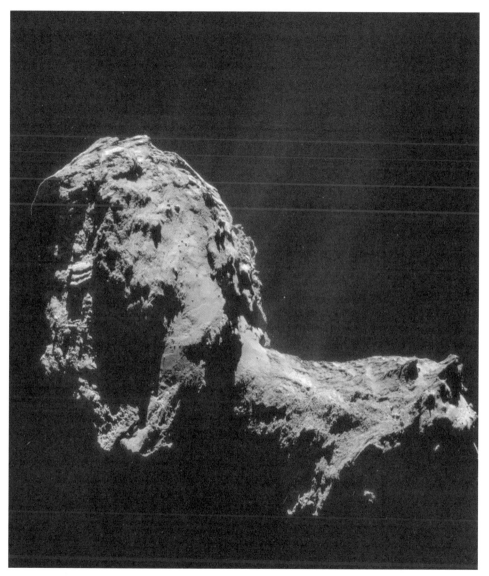

▲ 飞船拍摄的 69P 彗星的彗核

彗星"脏雪球"一样的核心正是形成流星雨的母体（图 /NASA）

流星雨每年都会有几十场，但是适合公众观测的寥寥无几，这主要和流星的流量有关，后面我们将着重讲解这一问题。

6. 火流星

当我们观测流星时，经常会看到一些亮度极高的流星，它们的亮度甚至超过了全天空除太阳和月亮之外最亮的天体——金星，我们赋予这种流星一个非常霸气的名字——火流星。

我们平时看到的暗弱流星其实是非常小的流星体产生的，它们通常只有黄豆甚至大米粒大小。体积如蚕豆大小的流星体具备成为火流星的条件，当然，流星的亮度还受到进入大气层时的速度、角度等的影响，并且当我们在地球上观测时，还会受到观测高度角的直接影响。有的火流星在出现时会伴有"轰隆隆"的声音，还会在天空中留下一道"余迹"，人们根据这一"余迹"可以推测出高层大气的风向和风速等数据。

随着观测人数和设备数量的增加，关于火流星的记录已经非常常见，但它的每一次出现依旧会引起全世界的关注，也会让早已疲惫不堪的观测者们瞬间充满能量，这就是火流星的魅力。火流星现象是公众极为期待的震撼天象，因为它具有随机性和不确定性，甚至比日全食这种能够预测的天象更具魅力。根据青岛艾山天文台全国流星监测网（CMMO）对全天流星的统计数据，我们已经能基本判断每年出现火流星概率较大的时间段，这些数据的收集和整理将会优化对这一类天象的预报，也能为公众提供越来越准确的有针对性的观测时间。

▲ 青岛艾山天文台全国流星监测网徐州中心站拍摄的火流星（图 / 刘频）

第2章
观测流星的意义

　　对公众来说，流星出现的美丽瞬间是上天赐予的礼物，流星被赋予美好的寓意。在科学上，流星的观测非常重要，既有助于保护地球本身，又有助于揭示太阳系的起源。

　　前面我们已经介绍过，飘浮在宇宙中的流星体绝大部分是太阳系形成时没有被用到的"建筑原料"，还有小部分是天体之间相互碰撞产生的碎片。近年来，随着观测技术的提高和公众科学水平的提升，被观测设备抓拍到或者被人们目击到的巨大火流

▲ 人类观测到的第一个闯入太阳系的外来天体，至今还有很多人认为这是一艘宇宙飞船（图 /NASA）

星事件时有发生。试想一下，我们是不是也会经历恐怖的天体撞击事件？从概率上来说，这是有可能发生的。即使陨石撞击没有造成物种灭绝这样的重大事件，发生小规模的灾难也是我们不愿意看到的，所以，监测流星体的活动从狭义上说就是在保护我们自己。即使流星体很小、大气层对我们有足够的保护，可是别忘了，大气层外还有我们的航天员同胞，更有当今社会无法脱离的各种人造卫星。近些年，国际空间站已经遭遇过至少两次流星体撞击事件，其中一次撞击还将一个舱段击穿，造成国际空间站内的氧气泄漏。人类已经进入航天时代，进入太空的人造卫星和航天员会越来越多，而流星体恰恰就是他们最大的威胁之一。

再者，流星体是太阳系的原始物质，对研究太阳系的起源具有极高的科研价值。我们梦想实现当下科幻作品里描述的星际航行，前提是必须要充分了解我们的太阳系，而流星和陨石恰好给了我们很好的获取星际标本的渠道，我们不仅可以通过拍摄流星光谱分析其成分，还可以搜寻陨石获得第一手的科研资料。2017 年，有一个叫"奥陌陌"的天体轰动全球天文界，因为它是人类第一次观测到的从遥远的深空来到太阳系做客的"星际使者"，这对人类拓展视野、研究非太阳系小天体来说具有极大的价值和吸引力。对于现在的技术来讲，只要我们获得一定的参数，就可以算出流星的运行轨道，这其中不排除我们能找到像"奥陌陌"一样的"星际使者"，这很有可能是我们和太阳系以外的小天体打交道的一个捷径。此外，通过对流星体在大气中产生的声、光、热、电磁等效应的研究，我们可以获得地球大气的物理状况；利用流星出现时流星体燃烧形成的长条电离子柱（流星余迹）对无线电信号的反射作用，可以进行高频通信或甚高频通信，其作用距离非常远，可达 1800km，流星余迹通信不受太阳活动或核爆炸的影响，在很多方面具有重要意义。同时流星对地球大气高层的电离层和其他物理状态也会产生影响，当大批流星体尘埃散入地球大气时会提供额外的水汽，云层会增厚，雨量会增大。这一切都是流星研究的意义所在。

第3章

天文协会、学校社团及个人监测流星意义概述

大众观察星空喜欢用一个词，就是"观测"，如果从目前国内科普环境的角度来看，这个词用得不恰当，用"观察"更为准确，其实绝大多数人连观察也谈不上，顶多是"看看"。这段话说得有点儿吹毛求疵，甚至有点儿攻击性，但这确实是目前国内天文科普的痛点，我们每年都有大量的天文工作者、天文爱好者把无限的精力投入天文科普教育中，但总是收效甚微，这导致很多拥有巨大奉献精神的天文科普者失去信心，或者得不到成就感而渐渐懈怠，也使得公众因不明真相而对天文学产生了误解，其中的问题就在于我们至今还没有一个关于天文科普方面的理论指导。

任何一件事情都应该有一个理论基础，它会指引着实践者往正确的方向前进，遇到错误马上修改跟进，这样理论就会越来越完善，工作的目标也会越来越清晰。这看似是一个很宏观的哲学问题，其实核心就是实践者是不是真正站在受众群体的角度去看待问题，是不是真正能在实践的过程中及时发现问题并解决问题。对于天文科普而言，只有热情是不够的，热情是一把双刃剑，它能吸引人，也能把人们从星空下踢开。比起我们熟悉的日月行星、日食月食，使用流星这一现象来搭建天文科普理论是最容易的，也是阻碍最少的。

举个例子，绝大多数的校内天文社团，先不说参加社团的学生的初衷是什么，社团活动大都是从观测月亮开始，慢慢地，逐渐观测木星、土星、太阳，然后学一些基础的太阳系内的知识，偶尔组织团员一起出去看看银河、看看流星雨，这些事情搞完了，基本上就要到大二期末了，按照很多高校的传统，社团的团长也该换届了。随着新社员的加入，又开始了从地月系到太阳系的轮回，这些社团始终在这个范围内来回穿梭，极少改变，更不要说有真正的科学结论，这导致团员们也没有成就感和责任感，参加天文社团仅仅是玩玩而已。

社团的这种方法不是不对，而是没有创新和社团成员这个年龄该有的天马行空的想法和激情。社团的本意并不只是玩，它和俱乐部有本质的区别。之所以有这种情况的出现，就是因为没有一个理论加以指导，特别是高校的社团，更应该是具备趣味性和传承性的，而不是总在太阳系里来回观测。类似这样的问题普遍存在于各大小天文协会中，没有目标、没有方向，这极大地违背了社团和协会的本意。

▲ 中国海洋大学天文协会举行流星雨观测活动（图 / 黄小伟）

既然知道有痛点，那么就要改变。2019 年，青岛艾山天文台在青岛科技周主会场提出"在家当天文学家"的口号，目的就是让大家在学习和玩儿的同时，能产生科学成果，改变大众对科普的认识，让大众渐渐享受产生科学成果的过程和结果。经过充分调查得知，流星雨是所有的天文协会、天文社团和天文爱好者都参与过的最多的天象观测内容。相比其他的观测内容，使用科学的方法观测流星是非常容易产生科学成果的。观测流星的成本极低，不用很多的专业知识，也不用昂贵的设备。只要你有探索的欲望，有对科学的向往，很快就能得到丰厚的回报，这一切都已经得到了很多的验证，有的人因为观测流星成为国际专业数据库中的常客，有的学校因观测流星成为学校素质教育的代表和当地媒体的宠儿，还有的人因为科学的数据产生而成为网络红人……当然最重要的是，他们所取得的数据已经成为国际专业数据库中的一部分，他们为天文科研做出了贡献，同时也让自己拥有了严谨的科学态度。

玩着，看着，贡献着，同时传承着，这才是社团、协会甚至爱好者个人应该达到的境界。观测流星真的可以达到这个境界，而且也不难。

第4章

观测准备

1. 衣着

在《月球观测指南》中，我们专门用一节的篇幅来介绍观测星空时的穿着。穿衣这件事看似简单，其实里面有很多针对性技巧，不同的观测需要穿着不同的衣服来获得最佳的舒适度。本书也不例外，观测流星是一件极其耗费体力和精力的事情，衣着得当会让你的体验感大大增强。

每个月都有流星雨，只不过强度不同。在后面我们会着重介绍 3 场流星雨，其中 2 场在冬季，1 场在夏末，所以我们针对夏、冬两个季节来介绍衣着要点，各位读者可根据自己的需求再进行调整。

我们先来介绍夏末秋初的着装。首先，你必须要明白，流星雨观测经常彻夜进行，熬夜的时候人体热量的流失超乎你的想象。但这个时候我们首先考虑的不是出汗问题，而是蚊虫叮咬或者其他夜间出没的"小伙伴"的威胁。所以，即使是在最热的时候，我们依旧需要穿着长衣长裤。薄款透气的运动裤和防晒衣最为适合；此外，还必须穿袜子，绝对不能光脚，不能穿凉鞋和拖鞋，运动鞋最佳。夏末秋初是蛇、蝎子、蜈蚣这类动物最活跃的时候，我们必须避免这些毒虫的侵扰。其次，虽然 8 月中旬已经立秋，但是依旧是南风主导，湿气很重，所以建议外面穿一件薄款冲锋衣，一来可以阻隔潮气，二来可以保暖。

比起夏季，冬天的装备要复杂得多，因为两个流量可观的流星雨一个发生在 12 月中旬，一个发生在 1 月上旬，都是极冷的时候，特别是北方地区。我们不建议大家采用网上流传的几条毛裤的套穿法，因为这样会让你的行动极为不便，从而产生烦躁情绪。在夜晚 −10℃ 左右的气温下，纯棉厚秋裤与羊绒毛裤的内部搭配保暖轻便，外加一层薄棉裤，冲锋裤或者滑雪裤都是比较不错的搭配；上衣内部依旧是纯棉内衣与羊绒衫的搭配，一件质量好的背心是非常不错的保暖利器，最外层还是选择有内保暖层的冲锋衣；帽子一定要能捂住耳朵；围巾、口罩和手套是必备用品，如果你有一个高透明的全面面罩那最好不过，它可以为你挡住寒风，同时眼睛也不会出现流泪的问题。

说到这里可能有人看出一个问题，为什么不穿加绒秋衣裤？那样不是更加保暖吗？这就是我要着重说明的一个问题。在冬季长时间的野外观测中，一定不能选择速干内衣、加绒秋衣裤和高领毛衣。速干内衣、加绒秋衣裤的吸汗性不好，出汗以后汗液无法被衣服吸收，身体的不干爽在冬季会让人特别难受。而高领毛衣则会在一定程度上阻碍身体散出多余的热量，汗液会闷在身体上无法消除，如果你支起领子想让身体舒服一些，那么又有可能感冒，所以我们要用围巾来替代高领衣服的功能，方便我们随意调节。

关于鞋子的问题要特别讲一下，很保暖的鞋子比比皆是，雪地靴、徒步靴这一类鞋子非常适合夜间观测，但即使再暖和的鞋子，穿到半夜也基本不暖和了，穿着厚羊绒袜也于事无补。在科技发展的当今，有一种 USB 充电的发热鞋垫非常实用，温度可以随意调节，充一次电能发热三四个小时。双脚和双手的保暖在冬季观测中比身体的保暖更为重要，四肢得到温暖，能让你的战斗力倍增。

还有一点必须注意，一定不能在脚上套塑料袋。一些人为了让脚部热量不流失，想出了用塑料袋保温的方法，这种方法适得其反，脚部的汗液无法正常排出会被鞋袜吸收，这会让你的脚像冰一样冷，这样一来得冻疮的概率就会大大增加。

2. 辅助用品

辅助用品在观测的时候会起到重要的作用，可以提高你的舒适度和安全性。

需要明确的是，观看流星雨不需要望远镜，因为流星划过的范围很大，而望远镜的视场还不足人眼视场的 1%，所以使用肉眼是观看流星雨的最佳选择。

在夏季，我们需要准备充足的防蚊虫用品，如花露水、防蚊湿巾等。如果去野外观测，一定要带上一些雄黄粉，用雄黄粉围出一个范围以抵御虫蛇，特别是蛇，身边最好有一根登山杖或者足够结实的树枝以备不时之需。在夏季观测中，清洁湿巾和干毛巾也是非常好用的物品，因为保持双手、面部的洁净和干燥不仅会让你体感舒适，还能防暑降温和维持热度的平稳，这样一来，蚊子就不会把你当成第一攻击目标。冬季观测的最大优势是不怕虫子和蛇，唯一的考验就是冷，此时暖宝宝就能派上大用场了。使用暖宝宝必须要注意低温烫伤带来的伤害，而双手一直握着暖宝宝则是让身体持续温暖的超级经验。

另外，防潮垫、充气垫、帐篷、躺椅这些用品尽量都带上，身体远离地面可以提高舒适度，无论什么季节，带一个睡袋或者一个小被子都是非常好的决定。还有一点非常重要，那就是紧急情况下的应急措施，基本的医疗设备一定要准备好，如创可贴、双氧水、碘伏、棉棒、云南白药、绷带等，口哨、手电筒、一小块镜子也要随身携带。在保证安全的前提下，准备至少一个火种，以备不时之需。

3. 环境

　　"我在楼顶能看到吗？""我在海边能看到吗？"……每一次流星雨预报后都会大量出现类似这样的问题，这说明公众对观看流星的环境有着巨大的疑问，而流星的观测恰恰又对观测环境有着比较苛刻的要求，同样的流星活动，在城市里可能什么也看不见，而在远离灯光污染的郊区则可能有着星陨如雨般的景象。

　　即使是亮度指数最高的象限仪座流星雨，70% 以上的流星亮度也是 2 ～ 3 等的暗流星，这就直接导致我们在城市中很难看到它们的活动。所以无论是观测哪场流星雨，只能离开城市去往郊区，能看见银河才能达到观看流星雨的标准，所以环境亮度太高，即使在楼顶、海边也没用。当然，我们不排除在城市中也能看到亮度很亮的火流星，但是这种概率实在太低了，笔者拍摄流星 20 多年，也仅在城市中拍到过一次火流星。

▲ 2014 年 12 月 13 日，青岛天主教堂旁的流星，
这是我拍摄流星的 20 多年中唯一一次在城市中心拍到流星（图 / 周昆）

　　2001 年 11 月 17 日，狮子座流星雨，青岛艾山天文台和青岛第十七中学（简称十七中）的师生进行过一次对比观测。20 多年前的十七中操场上还能隐隐约约地看见银河，即使在这种环境中，在同一时间、同一方向的流星观测数量比依旧是 67 ： 1331，也就是说，十七中的师生在青岛市区的学校里看到了 67 颗流星，而笔者在郊外却观测到 1331 颗流星，这个数据很好地说明了环境对观测流星雨的重要性。

　　介绍到这里，该准备的都已经准备好了，下面我们就进入流星观测的正题吧。

▲ 良好的观测环境能让你看到更多的流星（图 / 周昆）

第5章

公众观测实践

1. 基本流星雨活动时刻表

地球每年都会与很多彗星、小行星的运行轨道相交，进而产生众多的流星雨活动。表 5.1 列出基本流星雨活动时刻表，以便读者查阅使用。

表 5.1　基本流星雨活动时刻表

流星雨名称	流星雨英文全称	缩写	极大时间	极大值概数
象限仪座流星雨	Quadrantids	QUA	1 月 4 日前后	120
巨蟹座 δ 流星雨	Del-Cancrids	DCA	1 月 17 日前后	4
半人马座 α 流星雨	Al-Centaurids	ACE	2 月 8 日前后	6
狮子座 δ 流星雨	Del-Leonids	DLE	2 月 24 日前后	2
矩尺座 γ 流星雨	Gam-Normids	GNO	3 月 13 日前后	8
室女座流星雨	Virginids	VIR	3 月 24 日前后	5
天琴座流星雨	Lyrids	LYR	4 月 22 日前后	20
船尾座 π 流星雨	Pi-Puppids	PPU	4 月 23 日前后	不确定
宝瓶座 η 流星雨	Eta-Aquarids	ETA	5 月 6 日前后	6
人马座流星雨	Sagitrids	SAG	5 月 20 日前后	5
武仙 τ 流星雨	Tau-Herculids	THE	6 月 9 日前后	1 ~ 72
蛇夫座 β 流星雨	OphiuchusB	TOP	6 月 10 日前后	10
蛇夫座流星雨	Ophiuchids	OPH	6 月 20 日前后	6
六月牧夫座流星雨	June Bootids	JBO	6 月 27 日前后	不确定
飞马座流星雨	Pegasids	JPE	7 月 9 日前后	3
七月凤凰座流星雨	July Phoicids	PHE	7 月 13 日前后	不确定
南鱼座流星雨	Pisces Arinids	PAU	7 月 27 日前后	5
南宝瓶座 δ 流星雨	Sou Del-Aquarid	SDA	7 月 28 日前后	20
摩羯座 α 流星雨	Alpha-Caprinids	CAP	7 月 29 日前后	4

表 5.1（续）

流星雨名称	流星雨英文全称	缩写	极大时间	极大值概数
南宝瓶座 ι 流星雨	Sou Iota-Aarids	SIA	8 月 4 日前后	2
北宝瓶座 δ 流星雨	Nor Delta-Arids	NDA	8 月 8 日前后	4
英仙座流星雨	Perseids	PER	8 月 12 日前后	110
天鹅座 κ 流星雨	Kappa-Cygnids	KCG	8 月 18 日前后	3
北宝瓶座 ι 流星雨	Nor Iota-Aqrids	NIA	8 月 20 日前后	3
御夫座 α 流星雨	Alpha-Aurigids	AUR	8 月 31 日前后	10
御夫座 δ 流星雨	Delta-Aurigids	DAU	9 月 8 日前后	6
双鱼座流星雨	Piscids	SPI	9 月 20 日前后	3
天龙座流星雨	Draconids	GIA	10 月 8 日前后	不确定
双子座 ε 流星雨	Epsilon-Genids	EGE	10 月 18 日前后	2
猎户座流星雨	Orionids	ORI	10 月 21 日前后	20
南金牛座流星雨	Southern Taids	STA	10 月 1 日前后	5
北金牛座流星雨	Northern Tauds	NTA	11 月 13 日前后	5
狮子座流星雨	Leonids	LEO	11 月 17 日前后	不确定
麒麟座 α 流星雨	Alpha-Monctids	AMO	11 月 21 日前后	不确定
猎户座 χ 流星雨	Chi-Orionids	XOR	12 月 1 日前后	3
凤凰座流星雨	Phoenicids	PHO	12 月 6 日前后	不确定
船尾座 - 船帆座流星雨	Puppid-Velids	PUP	12 月 6 日前后	10
麒麟座流星雨	Monocerotids	MON	12 月 8 日前后	3
长蛇座 σ 流星雨	Sigma-Hydrids	HYD	12 月 12 日前后	2
双子座流星雨	Geminids	GEM	12 月 14 日前后	120
后发座流星雨	Coma Berenids	COM	12 月 20 日前后	5
小熊座流星雨	Ursids	URS	12 月 22 日前后	10

2. 怎么判断是否值得观测

每个月都会有几场流星雨，但适合公众观看的却寥寥无几。即使如此，各大媒体依旧不厌其烦地宣传，公众因缺乏相关知识屡屡被骗，这直接造成了公众对科学兴趣的下降，可以说这种不负责任的宣传严重阻碍了天文科普的发展。要求公众普遍掌握一些天文知识很不现实，所以必须用"星星之火，可以燎原"的方法先让一部分人明白，然后再呈几何状地扩大宣传。

在媒体的流星雨预报中都会介绍流星雨的极大时间和极大期时每小时的流星数量，细心的朋友会发现一个问题，绝大多数流星雨的流星数量是个位数，这就说明每年大大小小几十场流星雨，90% 以上的流星雨是极其微弱的。对于公众来说，这些流星雨没有守望的价值，也就是说能看到流星的可能性微乎其微。只有少数几场流星雨适合公众观看，我们在本章第 4 节会着重介绍。

观看流星雨我们首先要明确以下几件事情：第一，流星雨这个词中的"雨"，并不是"多"的意思，它形容的是流星体的活动规律，所以不要以为流星雨就像下雨那样密集，这是一个巨大的误区；第二，观看流星雨看似浪漫，其实是一个非常"痛苦"的过程，夏季的潮湿、蚊虫叮咬及冬季的极端寒冷对人都是巨大的考验，最让人崩溃的是观看流星雨一般需要彻夜守候，极度的困倦会让你身心疲惫、精力全无，你出去一抬头就看到流星划过的概率微乎其微，只有持续的坚守才有可能换来视觉和心灵的震撼。注意，这里说的是有可能。

▲ 这样的照片公众经常误以为是流星雨，这其实是夜空中恒星的运动轨迹，流星的出现不会这么整齐划一（图/周昆）

十几年前，人类对流星雨的预测还不是很准确，所以观测者通常会在预报的流星雨极大时间前后两天都进行监测，避免与之错过。如今，在卫星和雷达的帮助下，对流星雨极大时间的预测精度大大提高，这有助于公众积极参与科普活动，提升科普效果。

那么如何判断流星雨是否值得公众观看呢？我们需要关注两个数据。首先就是流量，专业表述为"ZHR"。对于公众来讲，流量低于 50 的流星雨基本可以放弃了，更何况媒体经常说的流量只有 10 左右的小流星雨。"ZHR"的意思是，在极大时间时，辐射点位于头顶上方时的每小时流星数。说到这里很多人有了疑问，按理说每小时 50 颗流星已经不少了，平均 1 分钟 1 颗，为什么依旧不推荐观看呢？关于这个问题，我们必须要搞明白，"ZHR"里面明确辐射点在头顶上方，也就是说最起码发生流星雨的星座要在你头顶上方的位置，但是往往我们观看的流星雨辐射点大都不在头顶上方。地球大气有消光的作用，天体在头顶上方时亮度最大，在其他位置时亮度较暗，也就是说如果流星雨的辐射点不在头顶上方，那么很多流星在大气消光的作用下会变得很暗，"ZHR"值就会大打折扣，理论上我们可见的流星数量就会减少很多。流星在全天范围内均可出现，XX 星座流星雨不代表流星就出现在这个星座周围，我们人类眼睛的视角大约是 124°，也就是说还有 200° 以上的范围我们看不见，所以加上这个因素，我们所见的流星数量又会减少很多；其次，在专业流星预报中，会有一个 r 值，代表流星的亮度，绝大部分流星雨的 r 值在 2.7 左右，换句话就是流量整体偏暗，只是偶尔会有明亮的火流星出现，如此一来，你的观测环境和天气情况决定了星空背景的亮度，可能稍微一点灯光或者月光就会让很多流星隐没在明亮的背景中，综上所述，即使是"ZHR"为 50 的流星雨，可能看到的流星也会变成个位数。

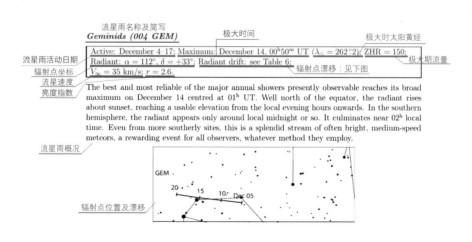

▲ 国际流星组织（IMO）流星雨标准预报

　　看到这里想必不少读者已经开窍，以往空等多次的经历重新回到了脑海。不过不用灰心，后面我会着重为大家介绍3场流星雨，每年我们可以对这3场流星雨翘首以盼，只要天气晴好，你观测的地方合适，一定会有所收获的。

　　此外还有一个极为重要的因素，那就是月亮。没有月亮的星空当然是繁星满天，与之相反的是月朗星稀。月光的干扰会极大地降低观察到流星的概率，所以观测者应该查阅极大时间时月亮的情况。不过也不用过于担心，即使有月亮，只要我们观测的时候让眼睛不朝向月亮的方向，观测明亮的流星就不会受到太多的干扰。

▲　月朗星稀。月光干扰对流星雨观测影响很大（图 / 周昆）

3.　辐射点

　　观看流星雨必须掌握一个重要的概念，这就是"辐射点"。通俗地讲，辐射点就是这场流星雨迸射出流星的中心区域，掌握辐射点的位置可以帮助你快速确定所观看到的流星属于哪个群属。

　　其实辐射点并不是一个点，而是一小块面积。在流星雨发生时，将我们所观测到的流星轨迹反向延长，它们会交汇在遥远天空中的一小块面积上，看起来就像一个点，这个点位于哪个星座，我们就把这个流星雨称为 XX 星座的流星雨。这是我们在地球上看宇宙的结果，和星座本身没有任何关系，更何况星座本身也不是一个实体。

▲　狮子座流星雨辐射点范围及反沿线判断群属示意图（图 / 周昆）

▲ 这颗流星的延长线没有经过狮子座流星雨的辐射点，所以它和狮子座流星雨无关（图 / 周昆）

我们在观察流星雨之前，可以通过星图软件或者书籍确定这场流星雨的辐射点在什么位置，然后在夜空中寻找相应的区域。但这里要阐述一点，流星并不会从某个点直接出来，有时候流星距离辐射点非常远，这时就需要你的快速反应能力了，我们把这个流星的轨迹反向延长，如果反向延长线经过辐射点，那么这颗流星就属于这个星座的流星雨，如果不经过，那么这颗流星有可能是来自别的流星雨群属，也有可能是一颗不属于任何群体的偶发流星，和你观测的流星雨群属毫无关系。

4. 不能错过的流星雨

本书写到这里，读者们最关心的章节就要出现了，那就是到底哪些流星雨才适合公众观看呢？在这里我们为大家强烈推荐 3 场流星雨，分别是象限仪座流星雨、英仙座流星雨和双子座流星雨。它们都有一个共同的特点，那就是流量都在 100 以上，如果天气晴好，而你选择的观测点又在远离城市的郊区，这 3 场流星雨一定不会让你失望。

（1）亮流星"担当"——象限仪座流星雨

活动日期：1 月 1 日—1 月 5 日

极大时间：1 月 4 日前后（每年时间不同，具体可到国际流星组织网站查询）

ZHR：120（浮动）

r：2.1

每年元旦开始，象限仪座流星雨便拉开了新年天象的大幕。1825 年 1 月 2 日，意大利的观测者在天龙座附近观测到了大量的明流星（0 ～ −3 等被称为亮流星）。经过后面多年多人的连续观测，在 1839 年，这个稳定出现在 1 月初的流星雨被命名为象限仪座流星雨。

象限仪座是一个古老的星座名，位置在如今的天龙座和牧夫座之间，在国际天文学联合会确定的全天空划分的 88 个星座中并没有它的名字，给这场流星雨用这个名称是为了和天龙座流星雨相区分，这也是所有流星雨中唯一使用非通用星座名的流星雨。

象限仪座流星雨辐射点区域

▲　象限仪座流星雨辐射点在北斗七星的下方（图 / 周昆）

在本书一开始我们介绍流星雨这个概念时，曾经提到过所有的流星雨都有一个母体，正是因为母体的瓦解才产生了形成流星雨的原始物质——流星体。象限仪座流星雨的母体至今依旧存在争议，一种观点认为象限仪座流星雨的母体是彗星 C/1490 Y1 和彗星 C/1385 U1，而有的科学家则认为它是小行星 2003 EH1 所带来的。这个流星雨或许是地球经过小行星 2003 EH1 在轨道上的残留物所形成的。至于到底是哪一个，还需要更多的观测资料才能确定，使用光谱测量是一种非常好的方法，在后面的"罗扇项目"中我们会详细介绍。

▲ 象限仪座流星雨的 r 值很高，亮流星比例大（图 / 周昆）

　　和其他流星雨相比，象限仪座流星雨有一个最大的特点，那就是 r 值高。它的 r 值高达 2.1，这就说明在这场流星雨中亮流星的比例非常高，无论对于目视观看还是摄影，明流星绝对是可以让你的肾上腺素瞬间飙升的因素之一，这也是象限仪座流星雨受大众追捧的原因之一。但是，下面说的问题很重要，或者说在大家激动之余给大家泼点儿冷水。象限仪座流星雨的先天条件虽然好，不过在很多因素的干扰下，它成了 3 个推荐流星雨中最难观测的一个。首先，1 月 4 日是极为寒冷的，象限仪座流星雨的辐射点在半夜才从东方升起，也就是说观测者需要在寒风刺骨的深冬坚守到下半夜，这看似是件小事，但只有坚守过的人才知道其中的痛苦和艰难；其次，象限仪座流星雨的极大时间非常短，通常不到半个小时，可能是打一个瞌睡的时间就过去了；最后，象限仪座流星雨很不稳定，即使对专业观测者来说，依旧是一个巨大的挑战。综上所述，虽然这是我们极力推荐的一场流星雨，但是它的变数依旧很大，想要目睹它的风采，不仅需要坚强的意志力，有时还需要一些运气。

　　（2）绿尾巴风采——英仙座流星雨

　　活动日期：7 月 25 日—8 月 18 日

　　极大时间：8 月 12 日前后（每年时间不同，具体可到国际流星组织网站查询）

　　ZHR：110（浮动）

　　r：2.7

　　如果你能在象限仪座流星雨期间坚守整个下半夜，相信当你结束观测时，除眼球会缓慢地移动外，四肢冻僵，嘴巴也已经冻得说不出话来。如果说这种魔鬼式的体验让你生畏，那么接下来的这个流星雨的观测条件要舒适得多，这个流星雨就是英仙座流星雨。

　　英仙座流星雨发生在暑假期间，可以说对英仙座流星雨的观测活动是全国公众参与度最高的。这个流星雨的母体是周期为 133 年的斯威夫特·塔特尔彗星。彗星周期对流星雨的影响巨大，因为它每一次回归，都会为这个流星雨带来更多的新物质。一般来说，流星雨的爆发时间就是其母体彗星的回归年，或者是接下来的几年。斯威夫特·塔特尔彗星上一次回归是 1992 年，当年英仙座流星雨出现了 ZHR 大于 400 的强流星雨，随着时间的推移，目前英仙座流星雨的 ZHR 稳定在 110 左右。

▲　英仙座流星雨辐射点位置图（图 / 周昆）

　　英仙座流星雨的流量比较稳定，所以成了公众最津津乐道的天文观测项目之一。不过它的 r 值并不高，所以中等亮度和暗流星占据了绝大多数，这就要求观测者寻找一个尽量暗的远离灯光污染的地点，否则就会错过很多流星。

▲ 闯入银河的英仙座流星（图/周昆）

　　如果说亮流星多是象限仪座流星雨的最大特征，那么英仙座流星雨的特点就是与众不同，观测过它的人都会惊叹一点：它的流星都有一条漂亮的绿色尾巴。我们都知道，不同的物质燃烧会有不同的颜色，五彩缤纷的焰火就是利用了物质的这一特性。英仙座流星的尾巴是绿色的，但是头部却是白色的，这挑战了我们的认知，如果流星体的物质是一定的，那么整条流星应该是一个颜色才对，为什么英仙座流星却是两个颜色呢？这其中的奥秘就蕴藏在流星的速度里。我们观察不同的流星雨会发现，流星的速度是不同的，有的流星的速度非常慢，我们看见后再叫小伙伴转过脑袋来看都来得及。而有的流星的速度则非常快，一眨眼的功夫就消失了。英仙座流星雨的流星速度极快，其速度可以达到60km/s，流星尾巴的绿色就是流星体以极快的速度穿越大气层时和高层大气中的氧相互作用的结果，或者说我们看到的绿色尾巴就是高速的流星体把氧分子"点燃"的结果。很多的流星体进入大气层的速度达不到点燃氧分子的速度，所以也就没有绿色尾巴。

▲ 英仙座流星雨的群内流星只要亮度足够都能看见绿色的尾巴（图 / 周昆）

▲ 英仙座流星雨绿色的尾巴是由速度决定的（图 / 周昆）

即使是在一个舒适的时间观看一个大的流星雨，英仙座流星雨依旧有让我们"心惊胆战"的不确定性，那就是天气因素。虽然 8 月上旬已经立秋，但是我国依旧是南风为主，强对流天气和雾天盛行，这就使得全国大部分地区在这个时间观看英仙座流星雨的变数很大。青岛艾山天文台的第一手观测数据表明，从 1995—2020 年的 26 年间，天气晴好的观测年数只有 8 年，其他的时间不是下雨就是大雾，这成为阻碍我们与帕尔修斯相约的最大障碍。

（3）综合条件最佳——双子座流星雨

活动日期：12 月 4 日—12 月 17 日

极大时间：12 月 14 日前后（每年时间不同，具体可到国际流星组织网站查询）

ZHR：120（浮动）

r：2.5

在观测象限仪座流星雨时天气寒冷无比，在观测英仙座流星雨时天气堪忧，这确实是令人无比沮丧的事情。不过好在接下来介绍的这个流星雨观测的综合条件优于前两个流星雨，让我们不至于总是心情郁闷。

双子座流星雨是每年年底前夜空留给我们的最大礼物，产生它的母体是一颗叫法厄同的小行星。双子座流星雨的亮度虽不及象限仪座流星雨，但是整体上比英仙座流星雨更亮，火流星比例也相对高一些。最主要的是，12 月中旬虽然寒冷，但不至于冷到像象限仪座流星雨出现的时期那般，并且冬季的星空晴天率也极高，这是英仙座流星雨出现月份的晴天率所无法比较的。

▲ 双子座流星雨辐射点位置图（图 / 周昆）

近些年来，双子座流星雨的流量一直呈现缓慢攀升的状态，最高时可以达到 150 颗，观察者平均每分钟都能看到流星划过，有时能看到两三颗一起出现，可以说非常壮观。比起英仙座流星雨，双子座流星雨的速度要慢得多，这就给了人们更加充裕的时间观察它。冬季星空是一年中最为壮观的，众多明亮的恒星汇聚在夜空中，搭配着不时划过的流星，视觉上的体验无比震撼。所以在我们介绍的 3 个推荐流星雨中，我们首推双子座流星雨，有兴趣的读者一定要去野外体验一次。

▲ 壮观的双子座流星雨（图／周昆）

▲ 强月光干扰下的双子座流星雨（图／周昆）　　▲ 穿破云雾的双子座流星（图／周昆）

▲ 双子座流星（图／周昆）

5. 可以碰碰运气的流星雨

　　我们为大家推荐了三大流星雨，很多读者可能觉得不太过瘾，对于壮观的天象来说，肯定是越多越好。但是，壮美的东西好像都有一个特点，那就是不常有，也正是因为不常有，才会让我们翘首以盼，才会让我们倍加珍惜。如此特点，宇宙同样具备。

　　之前提过，每年都会有大大小小几十场流星雨，为了满足大家的美好心愿，我们再挑选出 4 个小规模的流星雨介绍给大家。这 4 个流星雨各有特点，既有曾经的辉煌，也有当下的平静，如有兴趣，大家可以尝试碰碰运气。

　　（1）古籍中的宠儿——天琴座流星雨

　　活动日期：4 月 16 日—4 月 25 日

　　极大时间：4 月 22 日前后（每年时间不同，具体可到国际流星组织网站查询）

　　ZHR：18（浮动）

　　r：2.5

　　世界上最早的流星雨记录出现于我国的《竹书纪年》中，此书是春秋时期晋国史官和战国时期魏国史官所著的一部编年体史书，书共 13 篇，叙述夏、商、西周和春秋战国的历史。在夏朝的记录中有云：夏帝癸十五年，夜中星陨如雨。短短 12 个字，清晰地向后人传达了在夏朝君王桀主政时发生的一次流星雨事件。夏桀是夏朝的末代君主，因《封神演义》中和狐狸精妲己的故事被我们熟知，姓姒，名履癸，所以在《竹书纪年》中称之为夏癸。但是非常遗憾，这一记录并没有清晰地给出流星雨发生的具体时间。

　　在春秋时期的鲁国有一本传世的编年史书，相传为该时代末期的史官左丘明所著，名《左传》。这其中有一条闻名于世的流星雨记录，曰："鲁庄公七年夏四月辛卯夜，恒星不见，夜中星陨如雨。"比起《竹书纪年》的记载，这条记录给出的线索已经非常全面了，不仅交代了流星雨发生的具体时间，而且也描述了星空的样子和流星的数量。而在《史记》的十二诸侯年表中对这一事件也有详细记载，曰："鲁庄公七年，星陨，如雨，与雨偕。"通过科学家对当时星空的分析确定，这两条均是对天琴座流星雨的记录，这也是全世界公认的目前最早的有具体纪年和具体时间的流星雨记录。

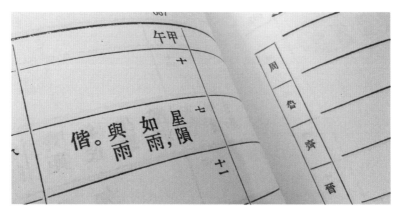

▲　《史记》十二诸侯年表记载：鲁庄公七年，星陨，如雨，与雨偕（图 / 周昆）

据青岛艾山天文台全国流星监测网的数据统计，每年年初的象限仪座流星雨结束后，夜空便进入了一个相对安静的时期，第一季度的 3 个月每天的流星数量很少，这种情况一直持续到天琴座流星雨活动期的到来。从 4 月 16 日前后起，地球便开始穿越天琴座流星雨的物质群，在 4 月 22 日前后达到极大。根据测定，形成天琴座流星雨的母体是 C/1861 G1 佘契尔彗星，它的周期为 415.5 年，下次大约将在 2276 年回到地球附近。

▲　天琴座流星（图 / 周昆）

天琴座流星雨的辐射点位于天琴 α 星附近，天琴 α 星也就是我们常说的织女星。通过这些年对天琴座流星雨的持续监测，发现它的 ZHR 稳定在 18 左右，即使有波动也不强烈。古籍之中记录的星陨如雨的景象渐渐成了传说，不知道 2276 年它的母体彗星回归后，是否能重现辉煌呢？

天琴座流星雨辐射点位置

▲ 天琴座流星雨辐射点位置（图 / 周昆）

天琴座流星雨的辐射点在午夜从东方升起，流星颜色多为白色，虽然流星不多但是偶尔会有火流星出现，总体来说观测难度还是偏大的。4 月末的天气已经不太寒冷，有兴趣的读者可以尝试观测一下。

（2）火流星大佬——金牛座流星雨

活动日期：9 月 15 日—12 月 1 日

极大时间：南群在 10 月 1 日前后；北群在 11 月 13 日前后

（每年时间不同，具体可到国际流星组织网站查询）

ZHR：14（浮动）

r：2.5

纵观史籍，可以看到在明代的农历 10 月—11 月，有大量关于明亮火流星的记载，其中以山东、山西和河北最为丰富，这与这些地方在明朝初年的大移民人口补充有很大的关系。如《河间府志》中记载的明朝嘉靖十二年十月十七日："夜，有群星陨于任邱，如掷金石，至晓未已。"再或如《闻见漫录》中记载的："泛海舟人云，三更后星坠如雨，继而一红火如斗大，有嚇喇声。"这一现象发生在明嘉靖十二年十月丁亥，也就是公元 1533 年 11 月 4 日，从文字描述和时间上推断，都将目标指向了处于活动期的金牛座流星雨，我们能够从中发现金牛座流星雨的一个特点，那就是出现的流星很亮，而且伴有声音，这正是金牛座流星雨最大的特点。

金牛座北流星雨辐射点

金牛座南流星雨辐射点

▲ 南金牛座流星雨和北金牛座流星雨辐射点（图 / 周昆）

金牛座流星雨的活动期非常长，跨度两个多月，出现这种情况的原因是一次巨大的天体瓦解事件。目前来看，金牛座流星雨的母体是恩克彗星，这是人类继哈雷彗星之后确认的第二颗周期彗星，它的周期只有 3.3 年，所以我们能够经常看到它。但是根据测算，恩克彗星的体积非常小，它所散落的物质宽度有限，可金牛座流星雨的活动周期又长达两个月，这是怎么回事呢？经过大量观测，人们发现，恩克彗星其实源于一颗更大的彗星，这颗大彗星在 2 万 ~ 3 万年前瓦解，恩克彗星便是瓦解后的残骸之一。巨大的彗星当然会形成巨大的物质带，所以我们确定，金牛座流星雨就是这颗已经消失的大彗星的残留物形成的，而恩克彗星继续在这条轨道上运行，不断为金牛座流星雨补充着新的物质。

▲ 即使在强月光干扰下，金牛座火流星也异常耀眼（图 / 周昆）

　　金牛座流星雨有一个非常不一样的地方，那就是虽是一个流星群，却被分为两部分，严格地说是同宗同源的两场流星雨，一个叫南金牛座流星雨，另一个叫北金牛座流星雨，它们分别有自己的极大时间。这其实是流星体物质横亘在空间中被地球分为两个截面导致的。其中南金牛座流星雨的极大时间在 10 月 1 日前后，北金牛座流星雨的极大时间在 11 月 13 日前后。

▲ 金牛座超级火流星（图 / 周昆）

　　火流星是金牛座流星雨的最大特点，但是观测起来难度极大，主要是因为这个流星雨流量不高。在持续两个多月的活动期内每天晚上盯着天空显然很不现实，而在极大时间内流量虽然上去了，但是却不一定有火流星出现。但是，流星自动监测系统却可以帮你完成捕捉火流星的任务。从 2017 年到 2021 年，青岛艾山天文台全国流星监测网分布在全国的站点每年都会捕捉到令人惊叹的金牛座火流星，如何使用数码设备捕捉流星？我们在第 7 章中会详细介绍。

▲　青岛艾山天文台全国流星监测网徐州中心站拍摄的金牛火流星（图 / 刘频）

（3）哈雷彗星的眼泪——猎户座流星雨

活动日期：10 月 5 日—11 月 2 日

极大时间：10 月 21 日前后（每年时间不同，具体可到国际流星组织网站查询）

ZHR：25（浮动）

r：2.9

　　《明史·天文志》中有一则明熹宗天启三年九月甲寅的记载，曰："固原州星陨如雨。"时间指向公元 1623 年 10 月 22 日，这个时间和猎户座流星雨的极大时间相吻合。

▲ 猎户座流星雨辐射点位置图（图／周昆）

▲ 每一颗猎户座流星都被称为"哈雷彗星的眼泪"（图／周昆）

形成猎户座流星雨的母体就是大名鼎鼎的哈雷彗星，由于哈雷彗星的名声很大，所以外出观看猎户座流星雨的人也很多，不过绝大多数人是失望而归的。猎户座流星雨在历史上发生大规模流星雨的事件并不多见，即使是古籍中有星陨如雨的记载，也需要仔细推敲，毕竟古代没有光污染，他们看到的夜空比我们见到的要清澈得多，能目视到更多流星是顺理成章的事情。

10 月下旬，猎户座下半夜才会升起，这个流星雨的 ZHR 不高，流星亮度也很低，所以能够看到的流星数量实在有限。不过，这个时间段距离双子座流星雨的极大时间已经很近了，所以很多社团和协会把猎户座流星雨观测当作双子座流星雨观测的练手项目进行。猎户座流星雨的特点就是名声够大，表现够"渣"，公众实在有兴趣也可以试试。

（4）曾经的王者——狮子座流星雨

活动日期：11 月 14 日—11 月 21 日

极大时间：11 月 17 日前后（每年时间不同，具体可到国际流星组织网站查询）

ZHR：15（浮动）

r：2.5

说起狮子座流星雨，想必很多读者会立刻把记忆定格在 2001 年 11 月 18 日的那个凌晨。大学宿舍的窗户前挤满了仰望星空的人头，操场上密密麻麻地站着披着被子的师生，还有在山顶海边的公众，以及频繁地换着胶卷的爱好者……

狮子座流星雨辐射点

▲ 狮子座流星雨辐射点位置（图 / 周昆）

狮子座流星雨是近年来唯一的一次流星雨大爆发事件，它在中国的天文科普中起了重大的积极促进作用。在 2014 年第 4 期《中国国家天文》杂志上，笔者撰写的专题文章《流星暴后十三年》，分析了这一事件带来的影响。如今，曾经无比辉煌的狮王进入了沉寂期，那场 2001 年的流星暴雨成为了年轻人心里的传说和经历过的人一辈子难以忘怀的经典。

狮子座流星雨的母体是坦普尔 - 塔特尔彗星，它的周期约为 33 年。在公元 1899 年、1933 年和 1966 年的回归期，都出现了狮子座流星雨的爆发，所以 1999 年的回归期就成了人们又一次期盼的日期。但是非常遗憾，1999 年并没有出现大规模爆发，而是等到了一场火流星密集的中等程度流星雨，2000 年也没有出现爆发的迹象。正当人们放弃等待的时候，2001 年迟到了两年的大爆发终于到来，数千颗流星暴雨般落下，火流星呼啸着从头顶飞过，这种视觉场面让人无比震撼。不过遗憾的是，理论上 2031 年和 2065 年的回归期可能不会发生流星暴，因为木星巨大的引力让母体彗星的轨道发生了改变。

▲ 北天周日视运动中的狮子座流星（图 / 周昆）

现在，每年观看狮子座流星雨成了一种情怀，特别是经历过 2001 年流星雨大爆发事件的人们。狮子座流星雨的 ZHR 最近几年一直稳定在 15 左右，流星亮度也不高，但是它和英仙座流星雨的特点一样，流星速度很快，所以狮子座流星雨的流星也有绿色的尾巴。不知道已经沉睡的狮王会不会有再次醒来的时候，每年的 11 月 17 日前后，我们将继续等待。

▲ 壮观的狮子座火流星（图 / 周昆）

6. 哪里出现流星的概率最大

　　前面我们已经介绍了不少关于流星雨的一些参数和特点，下面有几个观测的要点需要和大家介绍。比如，很多人会问："哪个方向能看到流星？"经过多年观测，我们总结了一些大概率能看到流星的小技巧。

　　虽然流星雨以星座的名字命名，但这不代表流星只会出现在这个星座的周围，夜空中的任何位置都有可能出现；人眼的视场大约是 124°，无法看到所有的天空，所以我们选择一个区域来等待流星的出现非常重要。

▲ 相较辐射点，流星出现区域概率图（图 / 周昆）

根据多年的观测经验，以及 5 年来对观测的 33 个流星群的流星落点的大数据分析，距离辐射点 20°~55° 的四周范围是流星最密集的区域。通俗地讲，夜空中一个满月的视直径约为 0.5°，两个满月的视直径约为 1°。你需要先找到流星雨的辐射点，然后以辐射点为圆心，以 20° 为半径画一个圆，然后再以 55° 为半径画一个圆，两个圆中间的区域就是流星出现概率最高的范围。这种现象是多种因素叠加造成的，比如流星进入大气层的角度、流星的速度、大气消光作用等。当然这并不代表其他区域内的流星少，多与少只是一个相对的概念。

7. 彻底坚守还是短时碰运气

在公众的心中，总以为观测流星是一个抬头就能看见的事情，所以他们非常关心几点几分能看到流星。这其实是一个巨大的误区，抬头见流星的事情确实有，但是概率极低，还是那句话，观测流星看似浪漫，其实是一件非常痛苦的事情。

▲ 观看流星雨有时候会带给我们身心舒适的体验（图 / 周昆）

　　比起十几年前对流星雨的预报，如今的流星雨预报因为技术手段的革新已经比较准确了，这就避免了观测者需要在极大时间前后几天都坚守的行为。但即使如此，只要是观测流星雨，就需要彻夜守候。夜晚，你不仅要忍受极度寒冷、潮湿、疲劳和困倦，还要做好有可能几个小时都看不到一颗流星的思想准备。有时候因为你短短的一个瞌睡可能就会与流星失之交臂，当你努力打起精神来继续守望的时候，很有可能流星又消失得无影无踪。还有一件让观测者非常郁闷的事情，那就是对着一个方向看了好久，什么收获也没有，然后便调整到了另一个方向守望，结果没过多久，原来那个位置就出现了流星，这种事情层出不穷。其实这并不是什么运气不好，而是你的心理作用在作祟。不管怎么说，想看到流星，就必须拿出整晚都坚守的决心，想"不劳而获"，希望太渺茫。

▲ 观测流星雨是对精神的极端考验（图 / 周昆）

　　想尽可能地保持状态还有一个诀窍，那就是尽可能不吃碳水化合物，晚上千万不要吃馒头和面包这一类食物充饥，泡面也尽量少吃。大家都有吃完饭就犯困的经历，尤其是吃完碳水化合物之后更容易犯困。可以多备一些牛肉干、坚果、功能性饮料，也可以带几个巧克力、棒棒糖充饥。说一千道一万，能让你坚持下来的还是意志力和看流星的决心，其他都只是辅助。不过必须严肃地说明，在坚守的过程中一旦出现心慌一类的情况，那就不要坚持了。看流星本是开心的事，让身体受损甚至发生危险就得不偿失了。

第6章

科学数据的采集

重复一次我们的期盼，那就是特别希望广大天文爱好者、流星爱好者，甚至公众能够在玩儿的同时产生科学数据。"观察"和"观测"虽只有一字之差，但层次有天壤之别。公众科普水平的高度、对待科学的态度直接关系到国家的基础实力和未来发展，来自公众的科学数据是国家软实力的体现。这本书既是流星观测的基础指南，同时也是流星基础科学观测的入门指导，希望有越来越多的公众建立的观测站点加入青岛艾山天文台全国流星监测网。同样，青岛艾山天文台和中国科学院国家天文台合作的流星光谱观测"罗扇项目"也欢迎公众积极加入，一起为我国流星基础数据的累积贡献力量。以下我们根据国际流星组织的要求，为大家介绍目视观测流星雨的科学记录和上报方法。

1. 定标天区

目视观测流星雨是获取科学数据的原始方法之一，这种方法取得的数据非常扎实，但是获取数据的过程却非常辛苦。在数码相机没有普及的时候，目视观测方法的掌握是非常普遍的，但如今还能坚持使用这种方法的人已经寥寥无几了。有一个现象值得我们关注，20多年前的天文爱好者入门时都要学习很多的天文基础知识，如了解天球坐标系、认识星座、辨别星等。如今已经进入数码时代，很多爱好者其实并不是真正的天文爱好者，准确地说他们应该是天文摄影爱好者，他们是因为想拍摄星空而进入这个行列，对应该掌握的基础天文知识毫无兴趣。所以如果严格区分，天文爱好者和天文摄影爱好者还是有本质区别的。

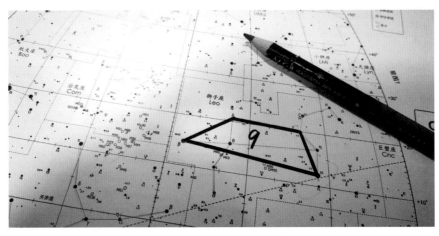

▲ 定标天区是科学观测流星的基础（图／周昆）

　　但是无论学习什么，喜欢星空是大家共同的兴趣点。既然我们希望大家在观测流星的时候能够产生科学数据，那么很多必要的学习还是要进行的。这一节将为大家介绍一种严格的极限星等测量方法，极限星等就是我们肉眼能够看到的最暗星的亮度，该方法是国际天文学联合会制定的全球通用标准。极限星等的准确测量对观测流星有着重要的作用，经过公式换算可以得出既有的流星数量。国际天文学联合会在天空中圈出了 30 个区域，名为极限星等定标天区，无论在哪个季节，我们都能看到其中的三四个天区，观测者使用肉眼找到最靠近天顶的某一个天区，然后数出这个区域内的星星数量，再对照表格得出此时的极限星等。20 多年前，定标天区是在观测流星雨之前必须准备的资料，而如今知道的人已经不多。我们在本书中将定标天区罗列出来，希望大家能以最严谨的科学态度对待流星的观测，从而得到最准确的数据。

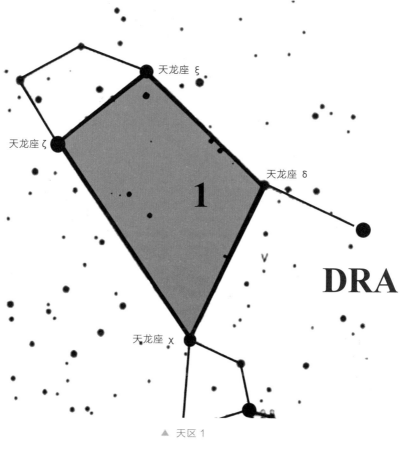

▲　天区 1

顶点星：天龙座 χ － 天龙座 ζ － 天龙座 δ － 天龙座 ξ

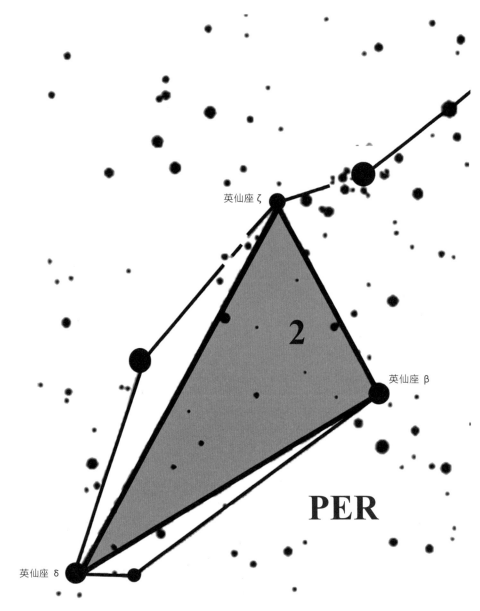

▲ 天区 2

顶点星：英仙座 β – 英仙座 δ – 英仙座 ζ

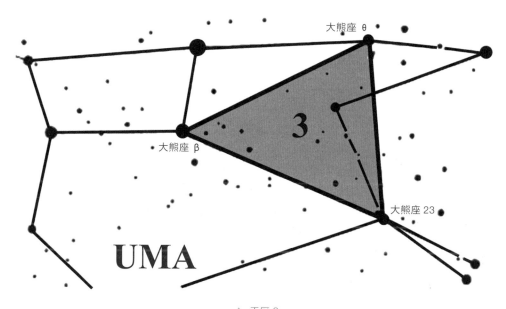

▲ 天区 3

顶点星：大熊座 23－大熊座 θ－大熊座 β

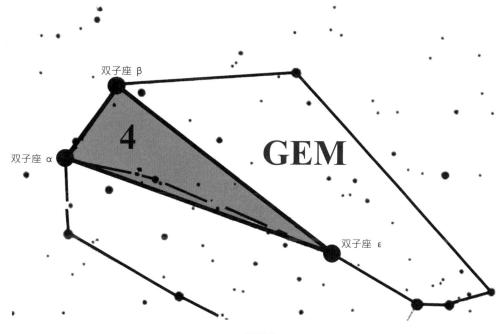

▲ 天区 4

顶点星：双子座 α－双子座 ε－双子座 β

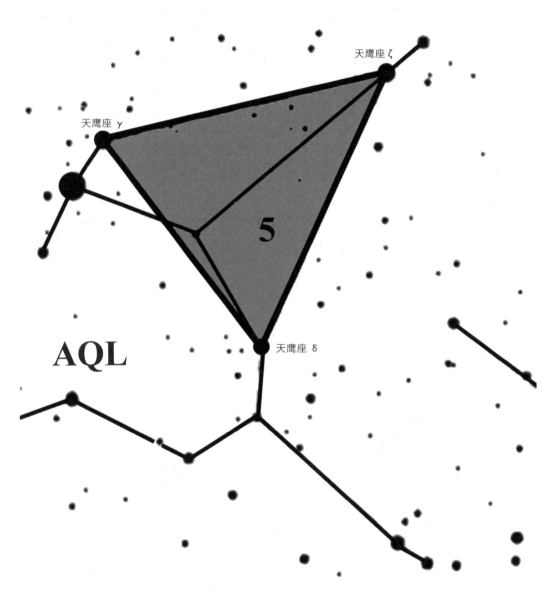

▲ 天区 5

顶点星：天鹰座 ζ - 天鹰座 γ - 天鹰座 δ

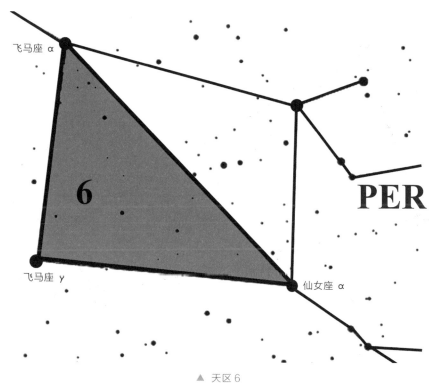

▲　天区 6

顶点星：仙女座 α - 飞马座 γ - 飞马座 α

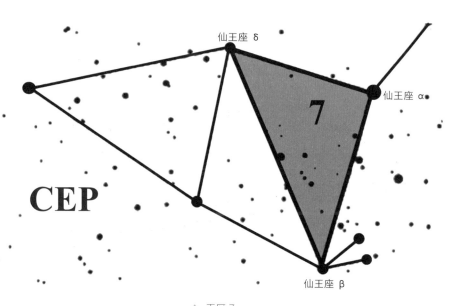

▲　天区 7

顶点星：仙王座 α - 仙王座 β - 仙王座 δ

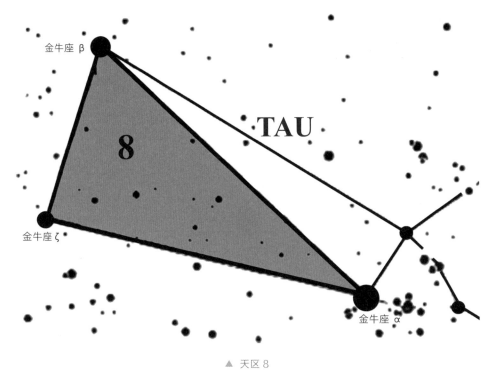

▲ 天区 8

顶点星：金牛座 α - 金牛座 β - 金牛座 ζ

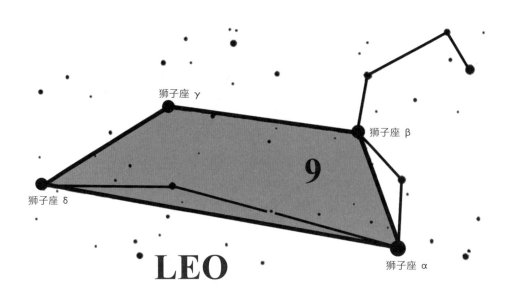

▲ 天区 9

顶点星：狮子座 α - 狮子座 β - 狮子座 γ - 狮子座 δ

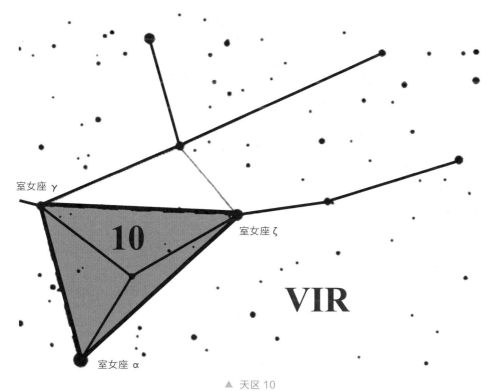

▲ 天区 10

顶点星：室女座 α – 室女座 ζ – 室女座 γ

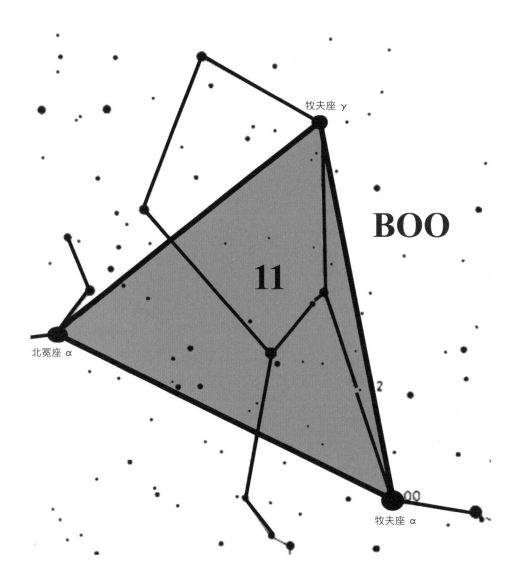

▲ 天区 11

顶点星：北冕座 α - 牧夫座 γ - 牧夫座 α

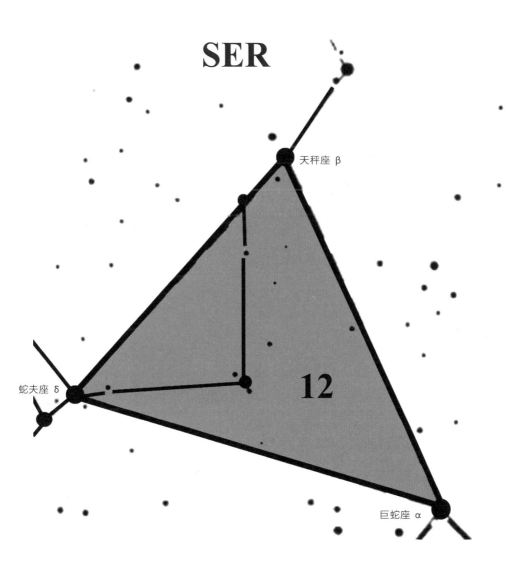

▲ 天区 12

顶点星：巨蛇座 α - 天秤座 β - 蛇夫座 δ

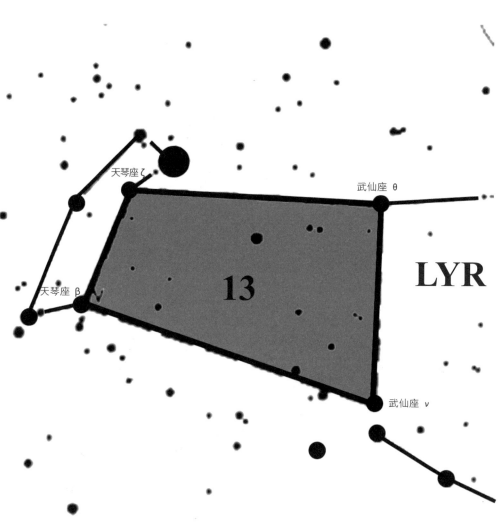

▲ 天区 13

顶点星：天琴座 β – 天琴座 ζ – 武仙座 θ – 武仙座 ν

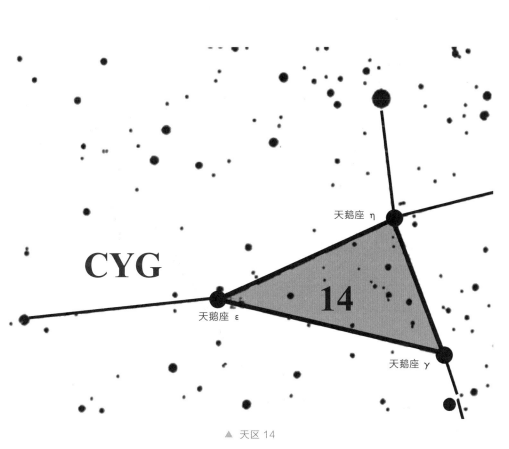

▲ 天区 14

顶点星：天鹅座 ε - 天鹅座 η - 天鹅座 γ

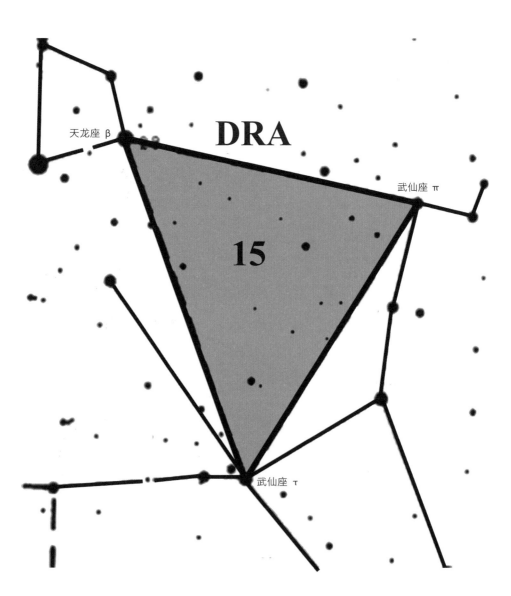

▲ 天区 15

顶点星：天龙座 β – 武仙座 τ – 武仙座 π

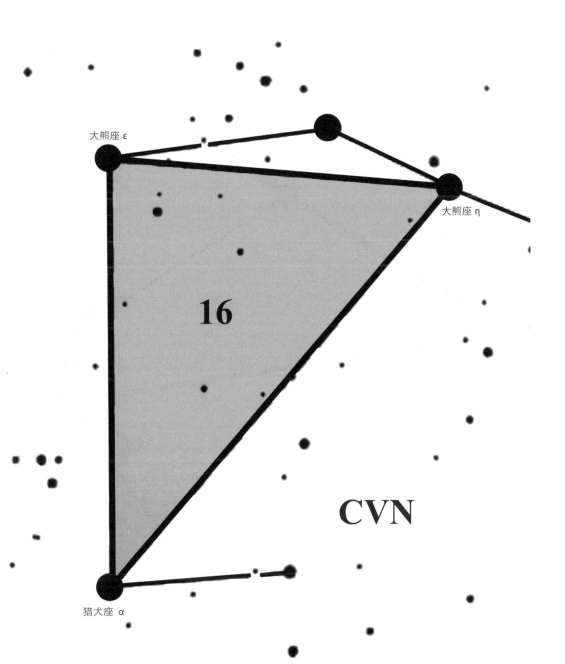

大熊座 ε

大熊座 η

16

CVN

猎犬座 α

▲ 天区 16

顶点星：猎犬座 α－大熊座 ε－大熊座 η

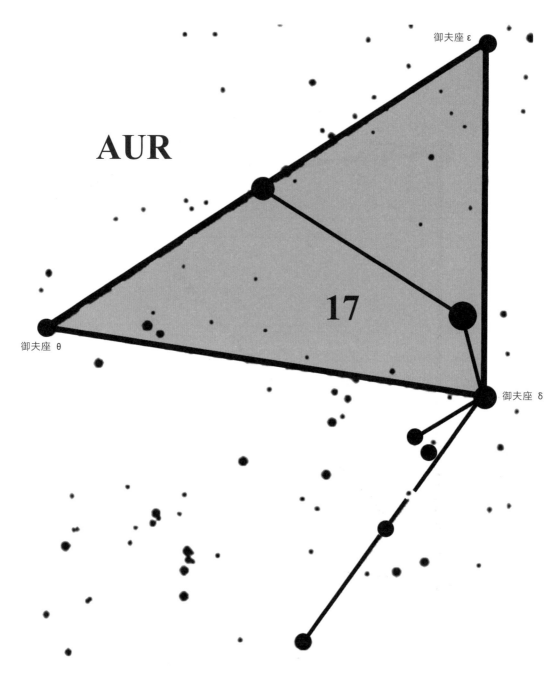

▲ 天区 17

顶点星：御夫座 ε － 御夫座 θ － 御夫座 δ

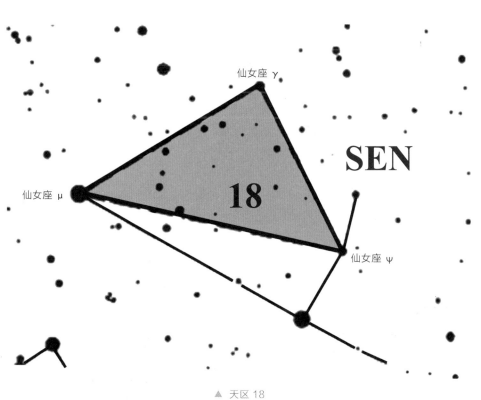

▲ 天区 18

顶点星：仙女座 μ - 仙女座 γ - 仙女座 ψ

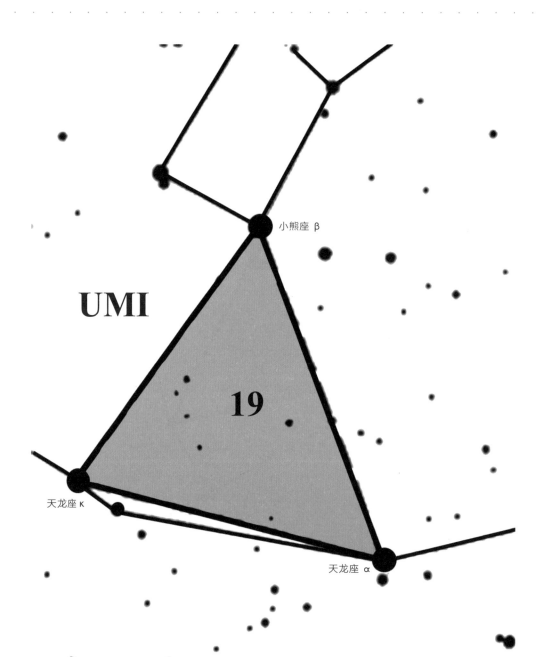

UMI

19

小熊座 β

天龙座 κ

天龙座 α

▲ 天区 19

顶点星：天龙座 κ - 天龙座 α - 小熊座 β

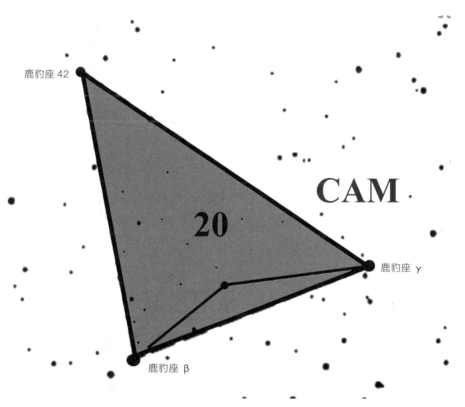

▲ 天区 20

顶点星：鹿豹座 42 - 鹿豹座 β - 鹿豹座 γ

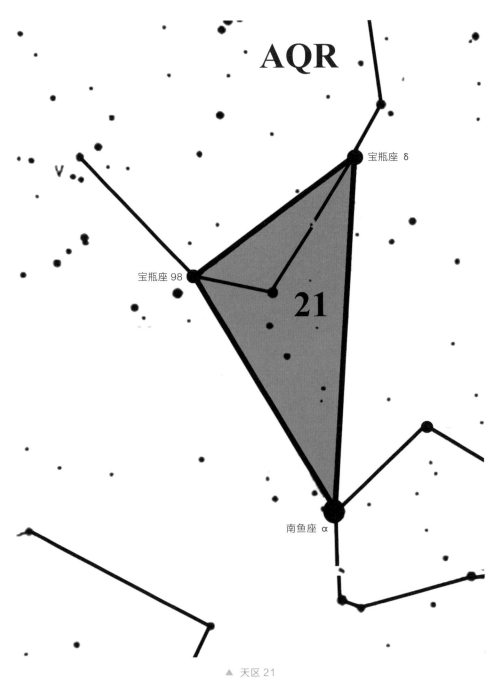

AQR

宝瓶座 δ

宝瓶座 98

21

南鱼座 α

▲ 天区 21

顶点星：南鱼座 α - 宝瓶座 98 - 宝瓶座 δ

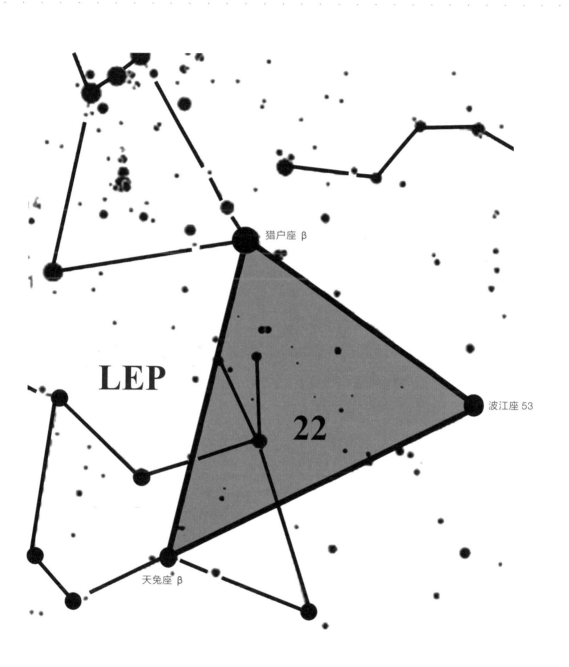

▲ 天区 22

顶点星：天兔座 β – 猎户座 β – 波江座 53

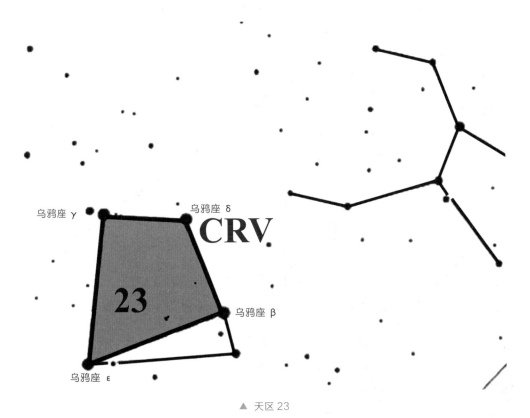

▲ 天区 23

顶点星：乌鸦座 δ - 乌鸦座 γ - 乌鸦座 ε - 乌鸦座 β

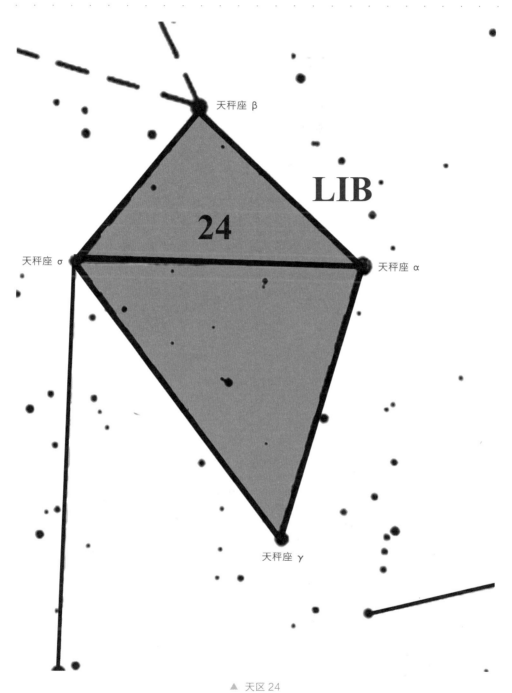

▲ 天区 24

顶点星：天秤座 β - 天秤座 γ - 天秤座 σ - 天秤座 α

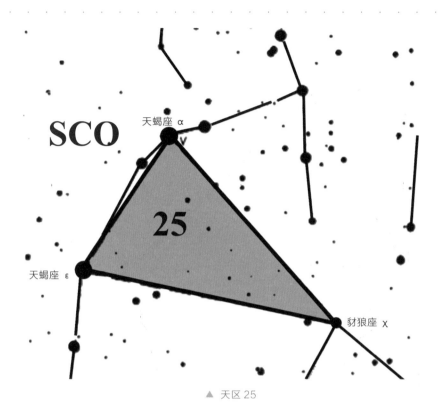

▲ 天区 25

顶点星：天蝎座 α - 天蝎座 ε - 豺狼座 χ

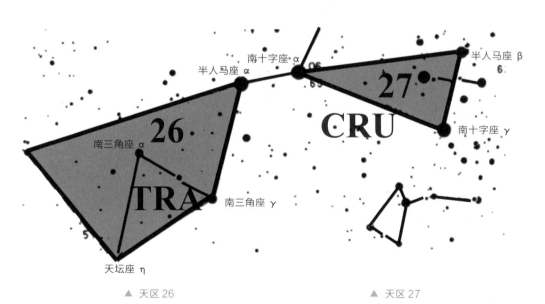

▲ 天区 26	▲ 天区 27

顶点星：南三角座 γ - 南三角座 α - 天坛座 η -　　　顶点星：半人马座 β - 南十字座 α - 南十字座 γ
半人马座 α

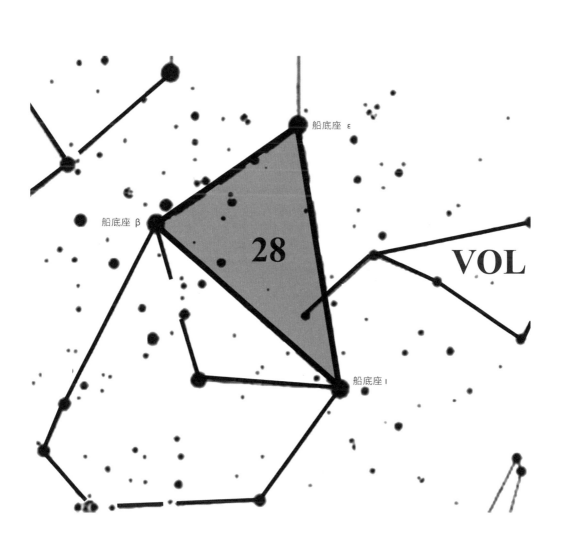

▲ 天区 28

顶点星：船底座 β－船底座 ε－船底座 ι

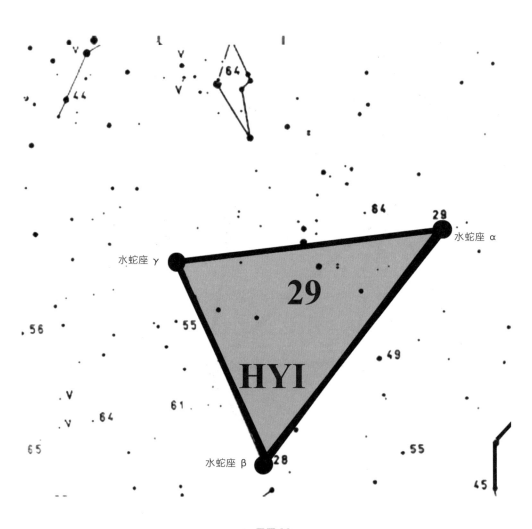

▲ 天区 29

顶点星：水蛇座 γ－水蛇座 α－水蛇座 β

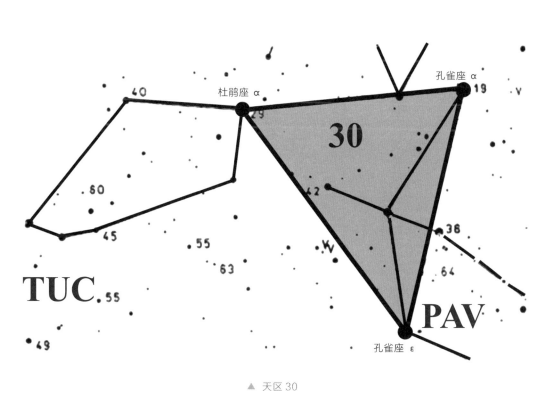

▲ 天区 30

顶点星：杜鹃座 α－孔雀座 α－孔雀座 ε

表 6.1 定标天区恒星数与极限星等对比表

定标天区序号 / 恒星数量 / 星座	1 天龙	2 英仙	3 大熊	4 双子	5 天鹰	6 飞马	7 仙王	8 金牛	9 狮子	10 室女
1	3.08	2.11	2.35	1.22	2.71	2.06	2.47	0.99	1.41	1.06
2	3.18	2.88	3.18	2.02	2.99	2.49	3.23	1.68	2.13	2.74
3	3.57	3.02	3.65	3.01	3.37	2.84	4.07	3.00	2.23	3.38
4	3.74	3.78	3.78	3.79	4.45	4.66	4.23	4.62	2.56	4.39
5	4.23	4.95	4.48	5.01	5.16	5.08	4.79	4.88	3.33	5.77
6	4.78	5.15	4.56	5.07	5.30	5.49	5.12	4.95	4.41	5.80
7	4.83	5.55	4.83	5.34	5.53	5.56	5.17	5.09	4.78	5.86
8	5.00	5.60	5.13	5.75	5.98	5.80	5.26	5.29	5.42	5.92
9	5.08	5.79	5.16	5.76	6.02	6.13	5.29	5.43	5.44	5.97
10	5.25	5.80	5.49	5.78	6.31	6.14	5.36	5.51	5.48	5.99
11	5.96	5.98	5.66	6.20	6.36	6.17	5.42	5.73	5.50	6.12
12	6.06	6.01	5.72	6.37	6.71	6.25	5.73	5.84	5.58	6.41
13	6.28	6.07	5.79	6.47	6.72	6.25	5.95	6.10	5.73	6.44
14	6.42	6.40	5.97	6.54	6.77	6.26	5.96	6.19	5.92	6.63
15	6.50	6.41	6.19	6.67	6.80	6.29	6.00	6.27	6.14	6.64
16	6.60	6.45	6.30	6.76	6.90	6.44	6.14	6.29	6.17	6.65
17	6.63	6.50	6.35	6.80	6.91	6.47	6.19	6.36	6.27	6.69
18	6.65	6.51	6.41	6.99	6.96	6.50	6.23	6.50	6.27	6.83
19	6.66	6.54	6.49	7.00	7.00	6.50	6.44	6.55	6.31	6.90
20	6.68	6.60	6.49	7.02	7.05	6.57	6.47	6.71	6.40	7.04
21	6.68	6.61	6.54	7.10	7.06	6.59	6.48	6.76	6.43	7.06
22	6.70	6.66	6.59	7.12	7.07	6.59	6.63	6.77	6.52	7.08

表 6.1（续）

恒星数量 ＼ 定标天区序号 星座	1 天龙	2 英仙	3 大熊	4 双子	5 天鹰	6 飞马	7 仙王	8 金牛	9 狮子	10 室女
23	6.79	6.72	6.72	7.17	7.09	6.60	6.69	6.87	6.61	7.16
24	6.86	6.73	6.77	7.22	7.10	6.60	6.70	6.88	6.64	7.19
25	6.86	6.75	6.83	7.43	7.11	6.67	6.71	6.95	6.78	7.20
26	6.86	6.78	6.85	7.45	7.27	6.68	6.72	7.15	6.81	7.24
27	6.86	6.85	6.99	7.46	7.28	6.68	6.84	7.17	6.84	7.25
28	6.87	6.89	7.01	7.46	7.38	6.69	6.88	7.19	6.85	7.25
29	6.89	6.90	7.06	7.47	7.39	6.72	6.92	7.21	6.95	7.32
30	6.92	7.02	7.12		7.40	6.73	6.93	7.30	7.00	7.33
31	6.92	7.03	7.12		7.41	6.74	6.94	7.34	7.02	7.34
32	6.93	7.03	7.19		7.44	6.82	6.97		7.06	7.38
33	6.94	7.05	7.20		7.45	6.87	7.01		7.07	7.42
34	7.02	7.15	7.23		7.47	6.89	7.04		7.10	
35	7.03	7.15	7.24			6.89	7.06		7.12	
36	7.04	7.16	7.30			7.07	7.08		7.12	
37	7.09	7.18	7.33			7.07	7.16		7.12	
38	7.10	7.22	7.40			7.10	7.18		7.13	
39	7.10	7.23	7.41			7.11	7.23		7.13	
40	7.15	7.24	7.44			7.12	7.24		7.22	
41	7.24	7.24	7.45			7.12	7.25		7.26	
42	7.30	7.25	7.47			7.14	7.25		7.30	
43	7.31	7.26	7.48			7.15	7.27		7.30	
44	7.32	7.27	7.50			7.19	7.29		7.31	
45	7.33	7.28				7.24	7.30		7.33	

表 6.1（续）

恒星数量 \ 定标天区序号 星座	1 天龙	2 英仙	3 大熊	4 双子	5 天鹰	6 飞马	7 仙王	8 金牛	9 狮子	10 室女
46	7.35	7.30				7.27	7.32		7.34	
47	7.35	7.31				7.33	7.35		7.36	
48	7.36	7.31				7.37	7.39		7.43	
49	7.39	7.33				7.43	7.43		7.43	
50	7.43	7.33				7.44	7.44		7.44	
51	7.50	7.35				7.45	7.46		7.45	
52		7.35				7.45	7.49		7.48	
53		7.36				7.45			7.49	
54		7.42				7.49				
55		7.45				7.49				
56		7.48				7.50				
57		7.49								
58		7.50								
59		7.50								
60										

表 6.2　定标天区恒星数与极限星等对比表

恒星数量 \ 定标天区序号 星座	11 牧夫	12 巨蛇	13 天琴	14 天鹅	15 天龙武仙	16 猎犬	17 御夫	18 仙女	19 小熊天龙	20 鹿豹
1	0.16	2.61	3.52	2.23	2.80	1.76	0.08	2.17	2.06	4.03
2	2.22	2.63	3.84	2.49	3.14	1.86	1.90	3.87	3.65	4.31
3	2.36	2.73	4.32	3.90	3.90	2.89	2.65	4.10	3.89	4.62
4	3.04	3.55	4.34	4.65	4.82	4.67	3.03	4.26	5.19	4.77

表 6.2（续）

定标天区序号 / 恒星数量 / 星座	11 牧夫	12 巨蛇	13 天琴	14 天鹅	15 天龙武仙	16 猎犬	17 御夫	18 仙女	19 小熊天龙	20 鹿豹
5	3.57	5.10	4.41	4.73	5.07	5.15	3.73	4.83	5.50	5.14
6	4.47	5.23	4.98	4.79	5.50	5.64	3.79	4.87	5.81	5.44
7	4.51	5.39	5.42	4.94	5.67	5.79	4.33	4.96	6.20	5.47
8	4.79	5.39	5.49	5.06	5.82	5.85	4.52	5.01	6.33	5.62
9	4.81	5.51	5.56	5.39	5.92	5.88	5.21	5.04	6.40	5.63
10	4.93	5.53	5.72	5.58	5.98	6.11	5.46	5.64	6.53	6.00
11	5.28	5.57	5.99	5.64	6.06	6.42	5.64	5.67	6.70	6.04
12	5.51	5.87	6.01	5.87	6.11	6.48	5.91	5.94	7.00	6.17
13	5.67	6.25	6.03	5.91	6.16	6.55	5.99	5.98	7.17	6.17
14	5.79	6.34	6.05	6.04	6.17	6.70	6.09	6.13	7.22	6.20
15	5.81	6.51	6.10	6.25	6.29	6.79	6.11	6.13	7.25	6.21
16	5.88	6.52	6.17	6.29	6.34	6.80	6.23	6.39	7.30	6.24
17	5.90	6.54	6.47	6.31	6.36	6.81	6.30	6.42	7.33	6.25
18	6.00	6.71	6.59	6.34	6.36	6.84	6.30	6.52	7.41	6.35
19	6.01	6.85	6.62	6.38	6.45	6.96	6.41	6.55	7.45	6.36
20	6.04	6.87	6.67	6.47	6.46	6.98	6.44	6.58	7.49	6.38
21	6.06	6.88	6.70	6.48	6.58	6.98	6.47	6.60		6.43
22	6.13	6.95	6.89	6.60	6.66	7.05	6.48	6.64		6.49
23	6.13	6.96	6.93	6.73	6.66	7.06	6.51	6.65		6.61
24	6.22	6.97	7.00	6.74	6.74	7.23	6.54	6.68		6.62
25	6.27	7.04	7.01	6.82	6.78	7.26	6.56	6.68		6.63
26	6.32	7.13	7.02	6.87	6.82	7.28	6.57	6.77		6.64

表 6.2（续）

恒星数量 \ 星座 定标天区序号	11 牧夫	12 巨蛇	13 天琴	14 天鹅	15 天龙 武仙	16 猎犬	17 御夫	18 仙女	19 小熊 天龙	20 鹿豹
27	6.38	7.16	7.02	6.90	6.85	7.33	6.58	6.77		6.64
28	6.38	7.16	7.03	6.96	6.87	7.38	6.58	6.84		6.66
29	6.40	7.19	7.04	7.00	6.87	7.47	6.59	6.90		6.69
30	6.40	7.21	7.06	7.02	7.00	7.48	6.60	6.95		6.71
31	6.56	7.23	7.08	7.02	7.02		6.63	7.07		6.74
32	6.68	7.25	7.19	7.08	7.04		6.66	7.14		6.81
33	6.70	7.26	7.23	7.09	7.12		6.69	7.19		6.82
34	6.71	7.27	7.27	7.10	7.17		6.75	7.21		6.85
35	6.76	7.27	7.29	7.12	7.23		6.77	7.23		6.86
36	6.77	7.28	7.31	7.13	7.24		6.80	7.23		6.88
37	6.79	7.32	7.33	7.23	7.35		6.81	7.25		6.89
38	6.83	7.34	7.34	7.27	7.37		6.82	7.26		6.89
39	6.84	7.35	7.37	7.29	7.38		6.84	7.26		6.92
40	6.87	7.36	7.37	7.30	7.39		6.86	7.27		6.95
41	6.89	7.41	7.38	7.32	7.47		6.86	7.27		6.97
42	6.94	7.42	7.41	7.33	7.48		6.89	7.30		6.98
43	6.95	7.43	7.43	7.34	7.49		6.93	7.33		6.99
44	6.96	7.44	7.44	7.42	7.49		6.95	7.34		7.01
45	6.96	7.47	7.45	7.42	7.50		6.95	7.44		7.03
46	7.01	7.48	7.45	7.43	7.50		6.98	7.46		7.05
47	7.03	7.48	7.46	7.44			6.98	7.47		7.08
48	7.04	7.50	7.46	7.44			7.01	7.48		7.12
49	7.12	7.50	7.49	7.44			7.16	7.50		7.12

表 6.2（续）

恒星数量 ＼ 星座 ＼ 定标天区序号	11 牧夫	12 巨蛇	13 天琴	14 天鹅	15 天龙武仙	16 猎犬	17 御夫	18 仙女	19 小熊天龙	20 鹿豹
50	7.14			7.47			7.19			7.14
51	7.15			7.47			7.20			7.17
52	7.17						7.21			7.27
53	7.21						7.24			7.28
54	7.22						7.24			7.30
56	7.25									7.02
57										7.37
59										7.40
60							7.27			
61							7.31			7.43
63	7.30									
64										7.45
65										7.47
66	7.38									
67	7.43						7.37			
68							7.40			
70	7.45									
71							7.46			
73	7.49									
76							7.50			

表6.3　定标天区恒星数与极限星等对比表

恒星数量 ＼ 定标天区序号	21	22	23	24	25	26	27	28	29	30
星座	南鱼	天兔	乌鸦	天秤	天蝎	南三角	半人马	船底	水蛇	杜鹃
1	1.23	0.28	2.59	2.61	1.07	−0.01	0.64	1.67	2.82	1.92
2	3.27	2.84	2.66	2.75	2.29	1.91	1.31	1.95	2.86	2.86
3	3.68	3.29	2.97	3.28	3.96	2.84	1.58	2.25	3.26	3.42
4	3.96	3.87	3.01	3.92	5.26	2.88	1.65	3.84	4.08	3.65
5	4.48	4.28	5.21	4.56	5.40	3.76	4.31	3.96	4.69	3.95
6	4.72	4.43	5.81	5.19	5.50	3.85	4.56	4.00	4.74	4.23
7	5.54	4.47	5.95	5.64	5.84	4.11	4.59	4.33	5.51	4.76
8	5.66	4.78	6.40	5.72	5.92	4.85	4.61	5.46	5.57	4.86
9	5.98	5.46	6.62	6.08	6.00	5.08	4.69	5.54	5.67	5.12
10	6.28	5.49	6.84	6.14	6.09	5.10	4.92	5.78	5.99	5.15
11	6.30	5.68	7.06	6.15	6.15	5.11	5.50	5.79	6.09	5.18
12	6.35	5.68	7.25	6.17	6.32	5.17	5.75	6.36	6.36	5.61
13	6.79	5.69	7.30	6.19	6.41	5.18	5.82	6.36	6.43	5.62
14	6.82	5.72	7.41	6.41	6.47	5.29	6.04	6.49	6.57	5.76
15	6.97	5.82	7.44	6.46	6.56	5.50	6.20	6.54	6.59	5.92
16	7.05	5.96	7.44	6.50	6.56	5.72	6.20	6.63	6.65	6.09
17	7.25	5.96	7.46	6.63	6.62	5.75	6.23	6.72	6.66	6.22
18	7.42	6.05		6.64	6.85	5.77	6.42	6.85	6.69	6.22
19	7.45	6.15		6.67	6.90	5.89	6.61	6.90	6.69	6.28
20	7.46	6.23		6.75	6.97	5.89	6.61	6.93	6.71	6.33
21	7.48	6.27		6.76	6.98	5.95	6.66	6.99	6.77	6.35
22	7.50	6.35		6.76	7.01	5.95	6.69	7.04	6.81	6.36
23		6.40		6.80	7.07	6.02	6.73	7.08	6.84	6.40

表 6.3（续）

定标天区序号 恒星数量 星座	21 南鱼	22 天兔	23 乌鸦	24 天秤	25 天蝎	26 南三角	27 半人马	28 船底	29 水蛇	30 杜鹃
24		6.42		6.87	7.13	6.07	6.74	7.14	6.85	6.50
29		6.71		7.19	7.46	6.20	6.98	7.25	6.91	6.77
30		6.73		7.20		6.20	7.07	7.29	6.94	6.83
31		6.75		7.22		6.21	7.11	7.31	7.01	6.84
32		6.76		7.24		6.22	7.13	7.37	7.09	6.86
33		6.96		7.25		6.25	7.19	7.38	7.09	6.87
34		7.02		7.29		6.25	7.19	7.38	7.10	6.91
35		7.04		7.29		6.30	7.21	7.38	7.13	6.92
36		7.12		7.32		6.31	7.24	7.38	7.19	6.92
38		7.14		7.37		6.39	7.27	7.45	7.22	7.00
39		7.21		7.38			7.29	7.46	7.23	7.03
40		7.21		7.41		6.42	7.31		7.24	7.09
41		7.22		7.46		6.48	7.37		7.26	7.10
42		7.28		7.49			7.38		7.27	7.10
43		7.32		7.50		6.50	7.40		7.29	7.12
44		7.32					7.45		7.30	7.15
45		7.33					7.50		7.30	7.18
46		7.34							7.32	7.20
47		7.34				6.57			7.32	7.21
48		7.37				6.61			7.37	7.23
49		7.38				6.70			7.37	7.24
50		7.38							7.37	7.24
51		7.41							7.38	7.27

表 6.3（续）

定标天区序号　恒星数量＼星座	21 南鱼	22 天兔	23 乌鸦	24 天秤	25 天蝎	26 南三角	27 半人马	28 船底	29 水蛇	30 杜鹃
52		7.42							7.39	7.35
53		7.43				6.75			7.41	7.36
54		7.43				6.81			7.46	7.41
55		7.45							7.47	7.44
56		7.45							7.50	7.44
57		7.47							7.50	7.47
58		7.48				6.85				7.48
59										7.50
60										7.50
64						6.90				
66						6.95				
70						7.00				
75						7.05				
76						7.10				
81						7.14				
83						7.20				
86						7.24				
90						7.29				
92						7.34				
97						7.40				

2. 星等的判断

▲ 猎户座区域主要亮星的星等（图 / 周昆）

　　在观测流星雨之前，定标天区是可以通过将事先准备的资料与现场进行对照来完成的，总体来说对观测者掌握的基础知识的要求不太高。但是一旦进入观测阶段，你所面对的就是转瞬即逝的流星，这就使得你根本没有时间再去对照资料。在科学观测报表中，需要提供流星的大体亮度，也就是说需要观测者在一两秒时间内判断出这颗流星有多亮。这项技能需要观测者花费一两年时间的训练才能掌握，当你的脑海里对全天星空有了一个大概的记忆后，进行这项操作也就不再困难。但是，很多公众是零基础的，这就需要有个辅助的参考来帮助大家判断流星的高度。在天文学上，有一个全天 21 颗亮星的概念，星空中最亮的 21 颗恒星如下页表所示，无论什么时候，这里面总有几颗在你的视野范围内，你只要能够认识这里面的天体亮度，就可以将其与流星亮度作对比了。

表 6.4　全天最亮的 21 颗恒星

排名	中文名称	英文名	所属星座	亮度	距离（光年）
1	天狼星	Sirius	大犬	−1.46	8.6
2	老人星	Canopus	船底	−0.72	300
3	南门二	Rigil Kentaurus	半人马	−0.27	4.3
4	大角	Arcturus	牧夫	−0.04	36
5	织女	Vega	天琴	0.03	26.5
6	五车二	Capella	御夫	0.08	45
7	参宿七	Rigel	猎户	0.1	700
8	南河三	Procyon	小犬	0.38	11.3
9	参宿四	Betelgeux	猎户	0.4（变）	470
10	水委一	Achernar	波江	0.46	120
11	马腹一	Agena	半人马	0.61（变）	500
12	牛郎	Altair	天鹰	0.77	16.5
13	十字架二	Acrux	南十字	0.83	400
14	毕宿五	Aldebaran	金牛	0.85（变）	68
15	心宿二	Antares	天蝎	0.96（变）	520
16	角宿一	Spica	室女	0.98（变）	250
17	北河三	Pollux	双子	1.14	35
18	北落师门	Fomalhaut	南鱼	1.16	23
19	天津四	Deneb	天鹅	1.25	1600
20	十字架三	Becrux	南十字	1.25（变）	500
21	轩辕十四	Regulus	狮子	1.35	85

3. 流星的颜色

　　夜空中的星星有各自的色彩，白、红、蓝或橙，其色彩是它们的"年龄"的体现。恒星越年轻，它的颜色就越白，甚至带一丝蓝光；恒星越老，它的颜色就越红。

　　流星也有自己的色彩，而且颜色非常丰富。在目视科学观测中，对流星颜色的表述同样非常重要，不仅可以通过颜色来辨别这些流星是否来自同一个母体，在科学上还能通过分辨流星的颜色来确定它们的成分。流星的颜色来自它们高速穿越大气层时本身的焰色反应，这和我们放烟花时可以看到五颜六色的焰火是一个道理。通常，绿色、白色和红色的流星较为常见，这说明铜、铁等元素在宇宙中是普遍存在的。在后面讲到"罗扇项目"时，我们会专门用流星光谱照片为大家阐述流星的成分。

▲ 夜空中的星星颜色各异，这代表着它们的年龄（图 / 周昆）

4. 科学计数

对于流星雨的目视科学计数，国际流星组织有着非常严格的要求。在如今的数码时代，能坚持目视监测的人已经不多了，但就像我们用惯了各种各样的智能手机又会想念座机舒适的手感一样，目视监测的群体一定会渐渐增大，目视科学计数的人群也会一点点地增加，所以我们有必要用最简单的语言将目视监测的流程介绍一遍，毕竟公众观看流星大都以目视为主。

第1步，标注观测者的基本信息，包括姓名、年龄、观测地点名称、观测地点经纬度和海拔、计数所用时间标准（世界时间还是北京时间）、流星雨名称、观测日期、观测地天气和极限星等。

第2步，以时间段的开始和结束为一个单位记录流星数据，需要记录流星出现的时间、流星出现时所位于的星座、流星消失时所位于的星座、流星颜色、流星亮度、是不是群内流星，是否有余迹。在这里需要特别注意的是，其一，在这个观测时间段里，你的观测方向必须保持一致，不能一会儿看这里，一会儿又看别的地方；其二，只能记录你看到的流星，别人看到的不算；其三，一个时间段结束后，可以更换方向，如果天气情况有变，需要再次测量这个时间段的极限星等。

第3步，所有观测结束后，统计流星总数、群内流星数、群外流星数。表6.5是一个示意表，供大家参考。

表6.5　2020年双子座流星雨目视观测表

姓名：周昆　年龄：39　观测地点：青岛艾山天文台
观测地点经纬度：东经119.90°　北纬36.00°　海拔45m
观测时间：2020年12月12日22:00—2020年12月13日5:00（北京时间）
天气：晴朗　极限星等：5.8
目视报表
一（22:00—23:00）东
1. 22:07.14 猎户腰带 - 天兔　2等　白色　群外
2. 22:50.45 双子头 - 天狼星　-4等　白色　群内　有余迹
……
合计：群内1　群外1

5. 流星的上报

我们在科学观测后会取得一些数据，但很多人对辛苦得来的结果并不珍惜，看完流星后便丢掉了。殊不知，其中有很多可用的参数。目前，我们已经进入大数据时代，而大数据运算得越来越精确就是靠一点一滴的数据积累起来的，你所提供的数据就是全世界科学进步的一块块砖瓦，千万不要小看它们。所以还是我们一开始说的，玩儿着，也贡献着，一举两得。

有很长一段时间，国内爱好者会将数据上传至国际流星组织的数据库，这是当时唯一的上报科学数据的渠道。但从 2021 年开始，公众上报科学数据的渠道有了第二个选择。由青岛艾山天文台全国流星监测网与中国科学院国家天文台李广伟团队合作的流星观测项目已经启动，我们正在建设国内的流星专业数据库。与此同时，青岛艾山天文台的专用邮箱（405287821@qq.com）、微博（@ 青岛艾山天文台）也成为公众上报科学数据的临时渠道，公众可以通过这些渠道将科学数据或者目视报表上报。待数据库搭建完毕后，我们也将在青岛艾山天文台网站的流星数据库里进行公布。

第7章

如何用相机拍摄流星

比起日视观测流星，如今拍摄流星的人越来越多，这得益于数码设备的普及和手机摄像功能越来越单反化。20多年前，使用胶卷拍摄流星不仅需要一定的摄影基础知识，而且买胶卷和冲印也需要很多钱。如果你是个心急的人，但是胶卷还没有用完，那么你还得具备暗室剪胶卷和自我冲洗胶卷的技能。如今，大众拍摄星空的门槛变得越来越低，这就是科技为我们生活带来的极大便利。

▲ 胶卷时代已经过去，综合来看，虽然数码相机的前期投入大一些，但是不用频繁更换并不便宜的胶卷（图/周昆）

即使门槛已经很低，拍摄流星还是需要一些基本技巧的。比如如何选定 ISO（感光度）、如何选择地景、如何屏蔽干扰的灯光、如何利用灯光等。一张令人称赞的照片是一件艺术品，会让人过目不忘、长久品味。

▲ 想要拍出更好的照片，还是必须要掌握数码相机的各种参数的，根据环境灵活运用光圈、曝光时间、曝光补偿等需要花一定工夫（图/周昆）

　　拍摄流星需要单反相机或者有专业模式的手机，傻瓜式相机无法拍摄。说得简单一点，拍摄流星是我们让相机等流星，而不是你看到流星之后再按快门。单反相机可以设定曝光时间，可以让快门始终处于几十秒的曝光或者持续打开的状态，此时如果有一个足够亮的流星进入拍摄区域，那么你就可以抓拍到它。带有专业模式的手机其实就是利用了单反相机的原理，可以长时间曝光，虽然通常手机的曝光时间最长只有30 秒，但是一张一张地连续拍摄也相当于快门持续打开的状态。

▲　越来越多的手机支持长时间曝光，所以很多人开始用手机拍摄流星（图 / 周昆）

　　单反相机需要尽可能选择大光圈和大广角的镜头，大光圈的镜头拥有更大的通光量，可以让你拍到更暗的流星。在市面上，购买单反相机所配套的镜头的最大光圈一般在 F4 ~ F4.5，这种光圈只能拍到亮于 0 等的流星；而价格比较高的 F2.8 的镜头则能拍到 2 等以上的流星，这样捕捉的概率就大大提高了。10 多年之前，国产镜头还非常罕见，一个 F2.8 的镜头往往比相机本身还要贵，高昂的价格让大部分人望而却步。如今，各种品牌的国产镜头层出不穷，F2.8 的镜头早已"跌落神坛"，现在 F2、F1.8，甚至 F0.9 的镜头都已经走入平民百姓家，所以在这种大背景下，我们需要选择大广角（12mm 以下）、大光圈（F2.8 以上）的镜头来提高我们对流星画面的捕捉率。

▲ 镜头的选择决定着最后成片的效果和拍摄时的效率（图／周昆）

▲ 大光圈的镜头价格比较贵，但是效率更高（图／周昆）

▲ F3.5 是大光圈和中光圈的分水岭，虽然数值只差了一点，但是效率相差很多（图 / 周昆）

有了相机和镜头，我们还需要一支尽可能稳固的三脚架和一条快门线，以及多块相机电池、便携式蓄电池、5 号电池、7 号电池、除雾带等装备。三脚架的稳固直接关系到拍摄的持续性和稳定性。市面上最好用的三脚架是碳纤维质地的，轻便而稳固，但是价格较高，一般在 2000 元以上，而铝制三脚架的售价在 300 元左右，效果也不错。三脚架的中间杆下面一般有一个挂钩，如果拍摄的时候风大，你可以用塑料袋装几块石头挂上去以稳固三脚架。

▲ 在单反相机镜头上缠绕发热带可以避免镜头上雾气的产生，
快门线可以根据你的要求和构思来控制相机（图 / 周昆）

电池是易耗品，特别是相机电池。一般来说，在夏天一块电池能支持两个小时左右，而在冬天，一块电池的支持时间则成倍地缩短。我特别建议大家购买一块小型蓄电池，然后给相机配一个外接电源，这样蓄电池就可以持续给相机供电，也就不用频繁地更换电池了。5 号电池在拥有电池盒的相机中可以作为应急电源使用，7 号电池主要是给快门线供电。快门线可以设定拍摄张数、曝光时间或者间隔拍摄设定等，是拍摄流星必备的物件。除雾带是天文摄影爱好者的必备物品，其他的摄影爱好者一般用不上，可能都没听过。除雾带其实就是一段供电发热的子母带，缠绕在镜头前端。天文拍摄往往是彻夜进行的，空气的湿度会随着时间而变化，达到一定程度会让镜头起雾。除雾带的热量虽然有限，但足以让雾气无法在镜头前生成，确保镜头的通透度。

▲ 不能一味地相信充电电池，普通的 5 号电池、7 号电池也要备足（图 / 周昆）

准备完设备之后，就要进入拍摄环节了。拍摄之前要检查相机和快门线的电量、除雾带是否通电并打开、相机和镜头是否已经调到手动模式、相机感光度和光圈是否与环境匹配等一系列环节。在拍摄星空时，要记住一个原则，那就是"三分星空、七分地景"，也就是说一张星空照片好不好看，地景的选择是决定性的，所以我们在规划一张照片的同时，必须要精心地设计地景。至于怎么选，就取决于每个人的审美和想表达的主题了。不要以为用普通相机或者手机拍摄的星空作品相对简单，也不要觉得那些用昂贵器材拍摄的深空天体多么遥不可及。星空摄影好比中餐，怎么加作料各有不同，做出的口味也不尽相同，即使是相同地点、相同时间和相同的器材，也没有两张星空摄影作品是相同的，这就是它的魅力所在。而深空天体的拍摄则是西餐，所有的拍摄、角度、后期都是有规定程序的，并无太多技巧可言。

▲　大容量的蓄电池能够给你的拍摄保驾护航（图 / 周昆）

▲　善用三角架上的挂钩能让你的设备更加稳固（图 / 周昆）

　　言归正传。与目视观测流星一样，寻找流星的技巧同样适用于拍摄流星。相机可以替代我们的眼睛，可以让美景永久保存。但是，照片永远比不上你用眼睛真正地去见证流星的划过，照片带给你的是欣喜，而目视流星带给你的是心灵的震撼和视觉的满足，它可以让你瞬间忘记所有的不快，可以让你的身心完全放松。当然，长时间的仰望还可以缓解颈椎不适，躺在地上观看天空，你会很快进入一种恍惚状态，此时此刻你才能恍然大悟，原来地球真的是飘浮在宇宙中的一个星球，一种天人合一的奇妙感觉会油然而生。如果你的精力足够，可以顺便做几个瑜伽动作，比如束脚仰卧式，拉伸、观星两不误，还能醒目提神。

▲ 航天测控天线上空的双子座流星雨（图 / 周昆）

第8章

用光学设备监测流星活动

（1）青岛艾山天文台全国流星监测网

在望远镜发明之前，人类是通过眼睛观察日月星辰变化的，并逐渐掌握了一些规律，总结出二十四节气、黄道十二宫等反映宇宙规律变化的信息，但人类眼睛的观测范围毕竟有限，如果想要更加深入地了解宇宙，就必须依赖相关设备的帮助。400 多年前，伽利略第一次把望远镜指向星空，人类开始逐渐揭开宇宙的神秘面纱。对流星的观测也是如此，我们的先辈使用肉眼观察并总结出流星的观测资料，但是仅使用肉眼是无法获得更加深入的信息的。20 世纪 90 年代末，日本的业余天文学家开始尝试使用一种低照度摄像机代替人眼来观测流星，随着个人计算机的普及，相关软件也应运而生，很快这种方式便在全世界普及。比起人力，计算机配合摄像头的组合可以全天不间断对星空进行监测，这是人力永远不可能比拟的优势。随着计算机观测数据的增多，人类对流星的研究也变得活跃起来。

对于普通人而言，流星出现的瞬间令人难忘，流星也被我们赋予美好的寓意。但是对于科学家而言，流星则是非常重要的标本，因为它是太阳系古老的物质之一，蕴含着太阳系起源的重要线索。

可以通过立体交叉布点进行流星的光学观测，多点同时观测到一颗流星就可以为它进行精确定位。流星光学监测站点越多，流星观测的资料也就越丰富，这些资料作为大数据逐渐堆积起来，便可以揭示地球周围的宇宙环境，资料越多，这幅宇宙环境地图也就越详细、越精确。此外，站点的布设覆盖观测范围要尽量大，这样便可以收集更多的观测信息。

▲ 青岛跨海大桥上的星轨和流星（图 / 周昆）

2017 年，青岛艾山天文台经过近两年的学术调查，发现我国大规模的流星光学监测网络还是空白的，虽然有一些组织成立了监测网络，但规模很小，而且没有持续下去。鉴于这种情况，2017 年 8 月，青岛艾山天文台正式牵头成立以山东省为基础的山东流星监测网。经过一年的运行，很多省外的站点要求加入网络，随着申请者越来越多，在 2018 年 6 月，山东流星监测网正式更名为青岛艾山天文台全国流星监测网，英文简称为 CMMO。

▲ 青岛艾山天文台景色（图 / 周昆）

在青岛艾山天文台全国流星监测网成立之初，青岛艾山天文台制定了详细而有持续性发展思路的各种规章制度，强调青岛艾山天文台全国流星监测网是一个产生科学数据的机构，而不是一个随便玩玩的俱乐部。根据测量规划，青岛艾山天文台全国流星监测网的终极目标是建立一个覆盖全国天空的流星监测网络，计划建立 88 个中心站点，每个中心站点在方圆 300km 范围内可以设置不限数量的子站点。截止到 2021 年 3 月 1 日，青岛艾山天文台全国流星监测网已经在全国布站 39 个，产生数据 3 万余条，国际流星组织的火流星上报数排名已经从 2017 年的第 39 位上升到第 16 位。

青岛艾山天文台是目前国内唯一以流星监测为主要科研方向的天文台。除了布设全国性流星监测网进行流星观测和数据整理外，还与中国科学院国家天文台合作进行流星光谱的研究、陨石撞击月球的观测，并与青岛理工大学合作成立了“青岛艾山天文台陨石鉴定实验室”。同时，青岛艾山天文台还在整理归纳古籍中关于流星的记载、排查全国与流星有关的地名，并且已经研发了 5 代流星光学监测相机。青岛艾山天文台的这些工作在国内都是开创性的工作。

（2）如何加入青岛艾山天文台全国流星监测网

"在家当天文学家"，这是青岛艾山天文台提出的口号，我们欢迎所有对流星观测有兴趣的、有科学态度的、能持之以恒的爱好者加入青岛艾山天文台全国流星监测网，一起为中国的流星大数据贡献力量。

▲ 青岛艾山天文台全国流星监测网青岛艾山天文台中心站部分流星监测设备（图／周昆）

加入青岛艾山天文台全国流星监测网需要满足一定的条件，如需要有符合流星观测条件的相机、计算机、网络，需要计算机在天气好的情况下全部开机，需要快速地上报火流星数据，同时需要根据观测内容调整相机的方向等。在已经建立的39个站点中，这些站点的成员有工人、教师、公务员，还有小学、初中和高校的天文社团成员，成员年龄从10岁到60岁不等，大家热情不减，情绪高涨，每天最大的乐趣就是观测流星。其中很多站点已经成为媒体重点报道的对象，流星带给成员们的不仅是精神上的愉悦，还是对科学数据库贡献的满足感。

监测流星所需的专业知识很少，这可以在实践中摸索和总结。只要会操作计算机和相关程序基本就可以了。我们理论上只建议有固定观测地点的爱好者加入青岛艾山天文台全国流星监测网，不建议成员们带着相机经常换地方。有兴趣的读者可以发邮件至405287821@qq.com 提出申请或咨询。

（3）如何使用流星监测相机监测流星

　　用流星监测相机来监测流星听起来是不是很酷？其实道理很简单，有点儿像我们日常监控中的动态捕捉，只要有运动的物体，相机监控程序就会自动捕捉下来。只不过流星监测相机的这一套系统功能更加强大，带给你的惊喜也会更大。

　　流星监测相机有一个硬指标，那就是低照度，或者说是星光级，在全黑的环境下依旧能够清晰地看到影像，但并不能借助红外，更不能借助其他辅助光源；另外它还需要一只光圈尽量大的镜头，目前青岛艾山天文台全国流星监测网所配备的镜头光圈都在 F1.2 左右，对于镜头焦距并没有特别的规定，是大广角的或中焦段的也可以，如果你的资金充足，观测环境无遮挡，使用鱼眼镜头进行全天监测也没问题。

▲　青岛艾山天文台自主研发的 AP 系列流星监测相机（图／周昆）

　　无论是使用模拟信号的日本瓦特 902H 系列流星监测相机还是青岛艾山天文台研发的使用数字信号的 AP 系列流星监测相机，都需要与特定的计算机程序连接才能使用。目前，全球通用的流星监测程序名叫 UFOCapture，这个软件虽小，但是功能强大，有标清版和高清版之分。

　　UFOCapture 其实就是一个监控程序，只不过它为监测流星进行了很多有针对性的设定，比如，非监控区域的动态屏蔽功能、慢速目标（飞机）的忽略功能、亮度定量的非触发功能等。它可以在设定好的时间内自行启动，然后自行结束监测，一颗流星触发会生成 6 个相关文件，不仅有流星的动态视频、JPG 和 BMP 图像、背景星文件，还有用于计算轨道的代码。我们只需要把相机朝向我们计划观测的方位，打开计算机，启动 UFOCapture 即可，剩下的全部交给计算机来完成，你可以安心地去工作和休息，第二天醒来查看监测记录即可。因为一颗流星就会产生百余兆的数据量，所以计算机的硬盘空间应该尽量大一些，Core i5 以上的处理器和至少 4GB 的内存才能保证这个软件的持续工作。

　　光学相机代替了我们的眼睛，并且它永远不知疲惫。正因如此，我们才能看到夜空中的奇妙故事。虽然，不是每一天都会有惊喜，但是只要坚持，惊喜就一定会降临。

▲ 青岛艾山天文台自主研发的 AP 系列流星监测相机（图 / 周昆）

▲ 青岛艾山天文台全国流星监测网上海中心站拍摄到的超级火流星（图 / 高腾）

▲ 监测流星是天文中少数可以让公众在家参与的科研活动（图 / 周昆）

第9章

流星光谱的拍摄

1. "罗扇项目"

通过对流星进行光学观测，可以记录流星的数量及出现和结束的方位，但如果我们想研究其化学组成，那就非常困难了。在宇宙中，我们能够派出宇宙飞船抵达并取样返回的天体少之又少，既然如此，我们怎么分析它们的成分呢？光谱在这个时候就派上了用场。

我们能够看到的光其实是复合光，如果使用分光仪器解析这些光，它们就是由不同颜色的光组成的，而每一个颜色的光都代表着一种固定的物质，所以即使我们无法抵达某个天体，也可以通过分析光谱来分析它们。想要分析流星的成分，也可以用这个方法。

▲ 第四届山东天文大会，"罗扇项目"正式公布（图／周昆）

2020 年夏季，在青岛艾山天文台全国流星监测网的基础上，中国科学院国家天文台李广伟团队正式与青岛艾山天文台合作，进行流星光谱监测，定名为"罗扇项目"，取"轻罗小扇扑流萤"之意，表示利用监测网在地面捕捉天空的流星。该项目于 2020 年 11 月 8 日在淄博举行的第四届山东天文大会上正式公布；同年 11 月 26 日，由中国科学院国家天文台、国家天文科学数据中心、中国天文学会信息化工作委员会联合主办，厦门大学天文系承办的"虚拟天文台与天文信息学 2020 年学术年会"在厦门召开，"罗扇项目"负责人、中国科学院国家天文台李广伟副研究员在会议上进行了《小行星、流星和罗扇项目》的主题演讲，这标志着中国科学院国家天文台与青岛艾山天文台开展合作的大面积流星光谱观测研究课题正式公布。

▲　流星光谱照片（图 / 张超）

通过研究流星光谱，可以对流星进行物质分析，倒推流星体的起源，这对研究太阳系的形成和早期演化具有重要作用，同时还可以对比分析流星雨和其母体的物质。有时候太阳系内会闯入外太空的物质，曾经一个名为"奥陌陌"的太阳系外天体就引起了全球天文学家的轰动，因为这是人类目前无法取得的标本，如果这些天体成为流星，那么就可以对其进行物质分析，这又为我们研究银河系的形成提供了珍贵的一手观测资料。

2.　如何拍摄流星光谱

很多人做过使用三棱镜分光的实验，其实流星光谱的拍摄和三棱镜分光在原理上相同，只不过因为亮流星的比例不高，所以获取光谱的机会不是每天都有的。目前，最简易可行的分光设备就是三棱镜和光栅，三棱镜的分光取得率高于光栅的分光取得率。这两种配件网上都有销售，而且价格便宜。将它放置在镜头前面，按照平时的流星监测程序监测即可。

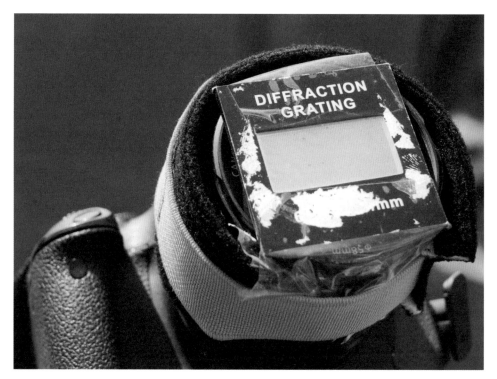

▲ 单反相机前置光栅（图 / 周昆）

　　人们可能会有这样一种体会，当我们把一件事情当作爱好的时候，会以很大的积极性投入其中并获得很大的满足感，但是一旦进入专业领域，满足感反而会降低。比如监测流星我们使用相机捕捉时几乎天天有收获，但是一旦在镜头前加上三棱镜或者光栅，相机的通光量就会成倍下降，这就代表着你不会每天都收获流星。而一颗足够亮的流星进入你的监测范围的概率只有平时监测范围的一半甚至更少，这对于心理的煎熬是可想而知的。但是你一定要明白，一旦你取得一条流星光谱，那就代表着你可以分析它的成分，一个在宇宙中遨游了几亿年甚至几十亿年的"流浪者"，终于在你的努力下有了自己的"身份证"，这是一件多么令人满足和感到神奇的事情。作为流星光学监测的进阶，"罗扇项目"同样欢迎有兴趣的读者加入。

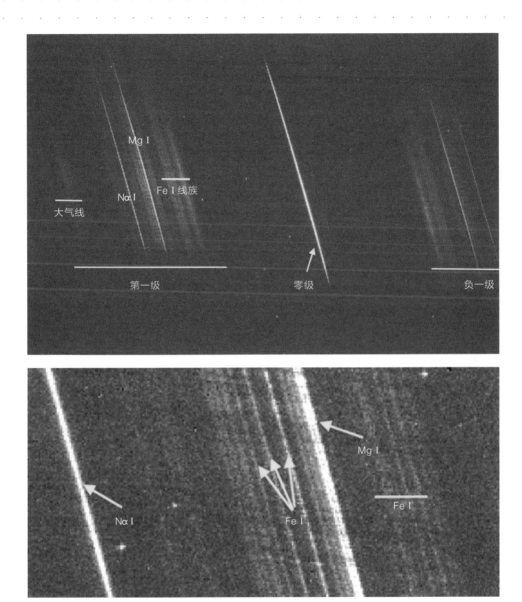

▲ 流星光谱照片（图 / 李镇业）

▲ 青岛艾山天文台全国流星监测网拉萨中心站拍摄的流星光谱（图 / 尹晓峰）

▲ 青岛艾山天文台拍摄的流星光谱（图 / 周昆）

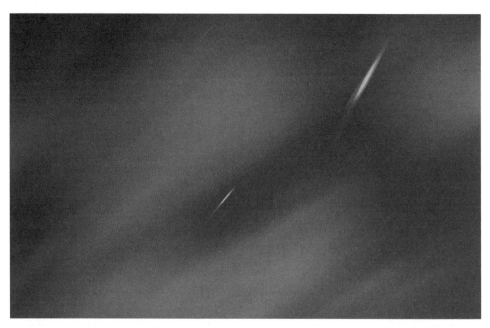

▲ 青岛艾山天文台拍摄的流星光谱（图 / 周昆）

第10章

射电方法监测流星活动

1. 流星射电观测的基本知识

　　无论是目视观测流星、光学观测流星还是光谱观测流星，都有两个前提，第一是必须在晚上才可以进行，第二是必须要晴天才可以。第一个前提是我们能够接受的，但是第二个前提就是大家最郁闷的事情。观看流星雨最不确定的因素就是天气，相信有不少读者经历过想看流星但是天气不好的情况，这会让我们无比泄气。对于观测流星来说，还有一个因素是无法回避的，那就是有时流星雨极大时间会发生在白天，这样一来，光学观测就无法进行。

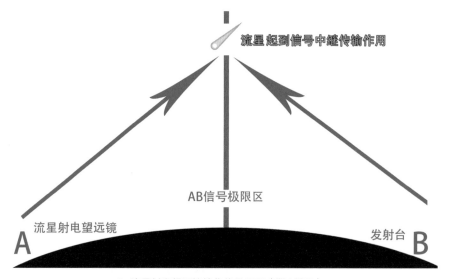

▲ 流星射电望远镜接收信号原理（图／周昆）

　　流星高速进入大气层后，与大气层会发生一些反应。流星体自身和大气中的原子被离子化后会产生一条由粒子和自由电子组成的流星轨迹，这些振动的带电粒子会产生电磁波。也就是说，我们可以通过天线接收到电磁波，"听"到流星的出现也就成为可能。

　　短波通信 FM 是我们最熟悉的无线电接收方式，但是地球弧度会导致接收站在一定距离之外无法收到信号。流星的无线电监测就是利用了这个原理，A 站和 B 站已经远远超出了短波通信 FM 的距离，但是受到电离的流星相当于一个信号的中继站，它位于这两个站的中间位置，正好成为衔接两个站通信的最远点，这样一来，A 站发射的短波会被流星所接收，同时又会被同步发射，这样 B 站就能收到信号了。理论上，A 站和 B 站之间的流星都在可监控范围之内，跨度可以达到 2000km。

无线电波不会受到天气和昼夜的影响，你可以全天 24 小时对天空进行观测，虽然我们看不到流星的样子，却能观测到流星的数量，对于科学计数来讲，这也是非常重要的观测手段。

2.　如何使用流星射电望远镜

流星射电望远镜，听上去很神秘，但其实就是由接收天线、无线电接收器、计算机组成的无线电设备。不过，任何的无线电设备原理都是一样的，只要你观测的是宇宙的目标，那么它就可以被称为射电望远镜。所以从观测方式上讲，上述设备和位于贵州的全世界最大的射电望远镜 FAST 的原理是相同的，只不过流星射电望远镜是天线的样子，而 FAST 和其他射电望远镜的样子是圆形的"大锅"。准确来说，我们应该称流星射电望远镜为流星被动雷达，因为它只有接收功能，没有发射功能，而其他射电望远镜具有发射电磁波的功能。

▲ 青岛艾山天文台的流星射电望远镜（图 / 周昆）

我们在本书中暂且叫它流星射电望远镜！它的主要接收部分是一种叫作"五单元八木天线"的定向天线。这是一种由一个有源振子、一个无源反射器和若干个无源引向器平行排列而成的端射式天线。20 世纪 20 年代，日本东北大学的八木秀次和宇田太郎两人发明了这种天线，命名为"八木宇田天线"，简称"八木天线"，由 3 个引向器、1 个反射器和 1 个有源振子 5 个单元组成的天线就叫"五单元八木天线"。

八木天线一经问世便受到了广泛的好评。它的方向性极强，所以无论是测向还是远距离通信它都有出色的表现，只要我们事前知道目标的方位，它便可以非常轻松地进行联通。在发射第一颗人造卫星东方红一号的时候，我国还没有配套的测控站，地面人员很多是使用八木天线对卫星进行跟踪测量的。正是因为这种特性，使用它进行流星射电观测变得顺理成章，因为我们必须寻找一个足够远的发射电台才能进行流星观测，并且八木天线要指向电台所在的方向。

先不要着急观测，有了天线还不行，还需要准备信号接收器或者计算机和软件等终端设备。在没有普及计算机的年代，数字调谐的收音机是很多人选择的终端设备，使用收音机很方便，选择好发射台就可以尝试观测了。但是，使用收音机计数是个很令人头疼的事情，在长时间的噪声中记录信号是一种很不好的体验，所以即使流星射电观测很好玩，能够一直坚持的人还是很少。如今，各种数码设备和软件已经能够让人更加智能化地进行流星射电观测了，传统的收音机被软件所取代，流星的计数工作也可以交给相应的软件，所以近两三年，参与流星射电观测的人越来越多，不过成功的人却寥寥无几，这到底是怎么回事呢？

八木天线不贵，计算机更是普遍，不过在流星射电观测中，最难的就是发射电台的选择。正是这个原因，让很多乘兴而来的人败兴而归。首先，我们要根据自己所在的地理位置，选择一个距离我们 800km ～ 1500km 的广播台，这个广播台的功率一定要足够大，最起码大于 10kW，而且必须是 24 小时不间断广播的。其次，这个发射点的频率一定要和你所在的地区频率有足够大的差值，以青岛艾山天文台为例，青岛全天的广播频率分别是 FM89.7、FM95.2、FM96.4、FM107.6，那么你要选择的发射台的频率尽可能不要和它们太近，否则你收到的就是本地的信号了。最后，国内的广播频率纵横交叉，想找到一个合适的广播频率太难。但是我们可以寻找国外的广播频率，还是以青岛艾山天文台为例，往北可以到佳木斯、往南到江苏南部，往西到太原，这些地方的广播频率经过几百次测试，都非常不理想，那么只能往东寻找韩国或者日本的电台。非常遗憾的是，日韩的电台因为国土面积的原因，普遍发射功率不高，而且大部分不是 24 小时广播的。所以，这种频繁地寻找可用的发射源实在是非常痛苦的事情。这就是目前阻碍流星射电观测普及的一个最重要的原因。

如果你找到了一个非常合适的发射台，八木天线又架得稳固，那么幸福的日子就开始了。在计算机 SDR 软件界面的蓝色瀑布流中，会不时出现或长或短的黄色回波，这就是被监听到的流星的影子，我们根据回波大小可以判断出流星体的体积。而计数软件则会在流星出现时反馈声音，自动计数，如此一来，你就真正地成为了一名和 FAST 工程师一样的射电天文学家，在电磁波的波段中窥探宇宙的秘密，在白天监视天空的一举一动。

第11章

监测陨石撞击月球

1. "月闪"监测的意义

"月闪"指月球闪光，是陨石撞击月球时发生的闪光现象。

在我们提到地球时，经常会想到它的"兄弟"月亮。在宇宙中，地月之间的 380 000km 实在不值一提，所以地月系被看作是一个整体。从太阳系的演化和月球系的形成来看，太阳系形成初期，月球为地球抵挡了无数的陨石攻击，给地球的生命起源和演化提供了足够大的外部环境支持。如今，陨石撞击月面的事件依旧在持续，特别是有流星雨活动的时候，损石撞击月球的概率会大幅上升。

▲ 月亮不圆的时候对暗面进行监测则有可能发现"月闪"，有流星雨活动时发现"月闪"的概率更大
（图 / 周昆）

前面说到，地月系是一个系统，在我们忧虑地球再次遭遇巨大陨石撞击事件的同时，如何提前监测和预防已经成为各国之间共同关心的课题。作为地球的卫星，月球没有大气层的保护，我们可以通过分析不同体积的、撞击月球的陨石对月球造成的伤痕程度，从而为保护地球增加可借鉴的经验。此外，陨石撞击月球可以产生很深的陨石坑，月球内部的物质和地质剖面会随着撞击深度被观测到。回想一下，在不久之前，我国的嫦娥五号月球探测器在月球上钻探取样，最深也仅有 2m 的探测深度，即使如此，嫦

娥五号的采样也已经让人类对月球的理解和认识上升到了一个新的高度。如果我们能够观测到一个新的陨石坑，那么便有机会让月球车前往观察并取样，因为这样的深层标本依靠人类目前的科技还无法获取到。

▲ 青岛艾山天文台 254mm 口径"月闪"望远镜（图 / 周昆）

目前，全世界只有少数天文台用专门的设备监测"月闪"。2020 年夏季，青岛艾山天文台专门使用一台配备制冷天文相机的、口径为 254mm 的天文望远镜与中国科学院国家天文台合作监测"月闪"，这是青岛艾山天文台继"罗扇项目"后与中国科学院国家天文台合作的第二个关于流星的观测项目。

2. "月闪"监测的方法

在望远镜发明之前的诸多"月闪"目击记录中，最有名的是 1178 年的坎特伯雷事件。据文献记载，1178 年 6 月 18 日，坎特伯雷的 5 名僧侣声称在新月尖角附近看到了剧烈的闪光，像"炙热的煤和火花""把新月的上角一分为二"……对"月闪"的解释，一直有两种说法：一是月面上某些区域的引力陡增，月壳内部的气体逸散出来，扬起细细的月尘，月尘在阳光的映射下，成为我们见到的神奇辉光；二是星体撞击月面会扬起月尘，形成"月闪"现象。根据近现代的观测结果，支持第二种解释的结果占了绝大多数，第一种解释目前很难验证。

在人们发明望远镜以后，对"月闪"的观测记录持续增加，但基本上是微小陨石的微弱闪光，普通人很难看到。而发生在 2019 年 1 月 21 日的月全食，则是让上万人亲眼看到了神奇的"月闪"。这一次月全食发生时，中国处于白天无法观测，而西半球可以目睹全程，当公众仰望星空欣赏壮观的血色月亮时，突然在月球的左下方出现了一个明亮的光点，这一现象停留了几秒后便消失了，很多观赏月全食的人看到了这一景象。西班牙的月球撞击探测和分析系统（MIDAS）的 5 台施密特 - 卡塞格林望远镜获取的观测数据确认了这次"月闪"的真实性。随后公布的报告中公开了这次"月闪"的更多细节：发生于 2019 年 1 月 21 日 4:41:38 UTC，持续时间为 0.28 秒，最亮时达到 4.2 星等。

我们如何才能有针对性地监测"月闪"呢？从近几次的"月闪"目击来看，并不是非要有大型的望远镜才能看到，观测"月闪"的要点是用科学的方法有针对性地监测。"月闪"监测系统的组成设备包括天文望远镜、天文相机（普通高清摄像头也可以）、计算机、相关软件。监测系统的组成一点也不复杂，软件监测的原理就是侦测移动目标并自动记录。在这里使用监测流星的 UFOCapture 软件就可以，若没有天文相机，也可以找一台高清的普通摄像机连接到望远镜上，使用摄像机软件中的"移动侦测"功能。

在以往的流星雨观测中，除了天气让人头疼，月亮也是一个让人非常郁闷的观测因素，因为月光的亮度会遮蔽很多流星。但是对于"月闪"观测，最好的时机就是在流星雨期间，此时地月系统正穿越流星体物质带，所以陨石撞击月球的概率就会大幅度提高。这样一来，即使在流星雨出现的时候有月光干扰，我们也不会觉得月亮有多么恼人了。

月亮很亮，所以我们观测"月闪"不能看月亮的亮面，而是应该关注月亮没有被照亮的部分。虽然"月闪"的亮度基本不高，但亮度明显可见的"月闪"也不是没有。

2006 年 9 月，美国月球勘测轨道飞行器（LRO）进入环月轨道，仅仅通过比对 LRO 从 2009 年到 2015 年拍摄的高清月面照片（覆盖全月 6.6% 的面积），科学家就已经发现了 222 个新形成的撞击坑，直径从几米到 43m 不等，数目比之前的理论值高出 33%，也就是说，陨石撞击月球的概率极高，只要持续有效地观测，一定会观测到"月闪"的瞬间。

第12章

宇宙标本——陨石

一颗体积足够大的流星体在大气层没有燃烧完就落到了地球上，这就是陨石。对于科学家来说，陨石是极其珍贵的宇宙标本，通过研究它们能够了解太阳系的起源和演化；对于收藏界来说，陨石成为收藏"新贵"，这些来自宇宙空间的石头不仅罕见，还被赋予了很多不靠谱的保健功能，所以市场价格持续上涨。其实，地球上的陨石很多，由于被人为地过度开发，很多陨石已经消失。但随着极地科考和沙漠搜寻力度的增加，在这些地方寻找到的陨石数量持续增加。近些年来，青岛艾山天文台每年都会接到不少陨石鉴定的诉求，鉴于此，在 2021 年年初，青岛艾山天文台联合青岛理工大学天文协会，合作成立了"青岛艾山天文台陨石鉴定实验室"，专门为大家进行陨石鉴定和分类工作。

在进行鉴定的过程中，我们发现很多人拿来的所谓陨石绝大部分是铁矿石、生铁块，甚至是炉渣。它们有着和陨石相似的外貌、相似的重量，甚至有"气印"特征，但是仔细观察就会发现，它们并不是陨石。下面我们将从几个方面来介绍一些陨石的基本知识，希望能够给读者一些启发，有兴趣的朋友们可以查阅相关资料以学习更深层的相关知识。

1. 基本类型

本节将介绍 4 类常见的陨石，分别是球粒陨石、无球粒陨石、石铁陨石和铁陨石。

（1）球粒陨石

球粒陨石是陨石中最为常见的，从目前的收集研究情况来看，约占陨石的 80%。通过光谱分析发现，球粒陨石的组成物质和太阳一致，球粒陨石是太阳系形成初期的"建筑原料"，是形成太阳系的尘埃中最原始的物质，就如同是建完一栋房子后剩下的水泥。我们观察球粒陨石的剖面能看到上面有大大小小的圆形颗粒，所以它被称为球粒陨石。

在球粒陨石含有的硅酸盐矿物中，最常见的是橄榄石和辉石，偶尔会有长石。球粒陨石在化学成分上可以被细分为普通球粒陨石、碳质球粒陨石、顽辉石球粒陨石、R群球粒陨石和 K 群球粒陨石；在岩石结构上又被分为 1 ~ 6 型，分别表述陨石形成之后受到外力作用形成的特有样貌；如果按照陨石降落时受到冲击而变质的程度，则其可被分为 6 个级别，S1 ~ S6，这代表着冲击的强度从低到高；如果是一颗目击陨石，也就是指被人们看到并最终被寻找到的陨石，从受地球风化的角度可将其分为 7 个档次，为 W0 ~ W6，其中以目击后立刻找到的 W0 级最为珍贵，因为它没有受到地球风化的影响，所携带的宇宙信息非常完整。

▲ 球粒陨石（图 / 周昆）

刚才我们说过，作为太阳系的"建筑原料"，研究球粒陨石具有重要的意义。第 1 点，球粒陨石是在太阳星云内的高温作用下形成的，又与地球表面物质和无球粒陨石完全不同，因此它很有可能代表着原始太阳的组成；第 2 点，球粒陨石的形成年龄比地球和月球上的岩石年龄都要老，这就为精确地对地球、月球乃至太阳的年龄进行对比提供了依据；第 3 点，球粒陨石的岩石学特征与任何已知的行星岩石特征不一致。球粒陨石是由金属颗粒、陨硫铁和硅酸盐以基质和球粒的形式组成的，球粒由毫米级的硅酸盐颗粒聚集而成，且在形成陨石之前便已存在。这种不同物质的混合，并具微细结构，显然不是星云过程后才出现的，而是一种宇宙沉积的形式。球粒是大多数球粒陨石的主要组成物质，其成因目前尚不清楚，普遍认为球粒形成于太阳星云中的瞬间熔融，研究球粒的组成可为人们提供星云加热事件的信息。

（2）无球粒陨石

无论什么级别的球粒陨石，总能在剖面上看到或大或小的球粒，但有一种陨石的剖面没有任何球粒结构，与地球上的岩石非常相似，所以鉴定时有一定困难，这就是无球粒陨石，它约占已知陨石的 9%。

▲ 无球粒陨石（图 / 周昆）

　　无球粒陨石主要由橄榄石、辉石和长石构成，没有任何球粒，外观上与玄武岩、橄榄岩和辉岩等含硅量低的地球火成岩相似。它形成于岩浆的凝结。这种情况和地球上岩浆凝结所形成的超基性和基性岩很相似。所以我们可以认为，无球粒陨石是某个天体上岩浆凝固后的物质，受到某些影响碎裂进入宇宙中。

　　我们在地球上偶尔能发现来自月球和火星的陨石，很多人对此百思不得其解。在太阳系形成之初，宇宙中有无数的石块飞来飞去，它们相互碰撞、融合，慢慢形成了太阳、八大行星及流星体。形成之初的月球和火星，表面异常活跃，不时有火山、地震等地质运动发生，岩浆大面积侵入地表然后慢慢凝固。我们在地面上看月亮时能看到大面积的暗色区域，那就是曾经被熔岩弥漫过的地方。这些熔岩凝固后，由于大质量的陨石轰击月球或火星表面，喷溅的物质以极快的速度逃逸出月球或者火星的引力进入宇宙空间，然后经过漫长的岁月逐渐改变轨道落入地球。所以我们在地球上寻找到的月球和火星陨石都属于无球粒陨石，它们默默地诉说着母星球曾经的沧海桑田。

　　（3）石铁陨石

　　有一种陨石的切片在光源的照射下会显得异常绚丽和神奇，它就是石铁陨石。这类陨石中硅酸盐与镍铁合金的含量各占 50% 左右。橄榄陨石和中铁陨石是其中的两个子类。石铁陨石占所有陨石的 1% 左右，比较罕见。

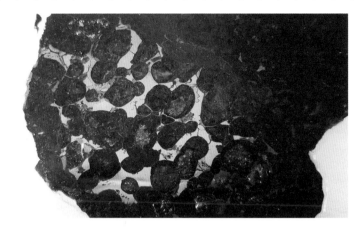

▲ 漂亮的石铁陨石切片（图 / 周昆）

▲ 漂亮的石铁陨石切片（图 / 周昆）

　　从地球的结构来看，我们脚下接触的是地壳，它们的主要组成是岩石，越往深处，金属物质就会越多。地球的地幔中含有大量的橄榄石物质，而再往下的地核则是一个金属核心，也就是说密度越大的物质越往下。我们生活中所用的铁的提炼方法是：把铁矿石放到熔炉里面后，密度低的岩石会漂浮到上面，密度高的铁水会沉到下面，熔炉下面的导管可以让铁水流出来。熔炉里的大结构和地球完全相同。我们再来看石铁陨石的结构，如具有代表性的橄榄陨石主要是由橄榄石和铁镍合金构成。这个类别的陨石可能来自小行星的核幔边界或浅层地幔，还没有到最核心的中心区域。而中铁陨石是由近乎等比例的金属和硅酸盐构成的，是早期太阳系内部剧烈碰撞的结果。

（1）铁陨石

把石铁陨石中的矿物去掉，只剩下铁镍合金物质，这种陨石就是铁陨石，它来自某一个天体的核心部分。

▲ 铁陨石残片（青岛城阳大陨铁，图 / 周昆）

如果说球粒陨石看球粒，石铁陨石看橄榄石的透光，那么铁陨石则有更神奇的看点，那就是由铁纹石和镍纹石片晶构成的图像，这种图像被称为维斯台登构造，80% 以上的铁陨石具有这种图像。维斯台登构造是铁陨石的"身份证"，也是铁陨石构造分类法的重要依据之一。在某一个天体的内部温度为 600℃～900℃的条件下，内部会形成两种镍含量不同的稳定合金——锥纹石和镍纹石，它们大约每 100 万年降低 1℃～10℃，在这一极度缓慢的降温过程下，锥纹石会在镍纹石的晶格中沿着某一个晶轴平面的方向成长。当我们手里拿到一枚拥有美丽维斯台登构造的铁陨石时你要知道，每一颗八面体铁陨石（锥纹石和镍纹石片晶呈八面体排列的铁陨石，命名为八面体铁陨石）中的维斯台登构造形成时间需要 0.2 亿～2 亿年，这种结构在实验室中是无法被制造出来的，正因为此，维斯台登构造被誉为铁陨石的"身份证"。在我国的古籍中，经常会有关于"玄铁"的记载，玄铁其实就是铁陨石，古人经常把它制作成武器，不生锈且异常锋利。

2004 年 5 月 18 日，在青岛城阳惜福镇施工工地挖出一块巨大的铁疙瘩，经鉴定，这是一块重约 3000kg 的巨型铁陨石。作为目击者之一，笔者参与了整个挖掘和鉴定过程。目前，该陨铁陈列于城阳世纪公园内，为国内第三大铁陨石。

▲ 青岛城阳大陨铁（图／周昆）

▲ 青岛城阳大陨铁（图／周昆）

2. 基本矿物

太阳系内像地球一样的岩石行星被称为"类地行星"，包括水星、金星、地球、火星。组成岩石的基本单元是矿物，地球上的矿物多达 5000 种，但是最重要的只有 7 种，为正长石、斜长石、角闪石、橄榄石、石英、辉石和方解石。可以说地球的岩石圈就是由这 7 种岩石构成的，其他的矿物微乎其微。陨石也是一种岩石，目前在陨石中发现的矿物有 200 多种，绝大多数矿物和地球上的矿物一样，只有极少数矿物是地球上没有的。组成陨石最重要的矿物是橄榄石、辉石、长石、铁纹石和镍纹石。

（1）橄榄石

橄榄石是一种镁铁硅酸盐，它是地球地幔的主要矿物，也是陨石和月岩中的主要矿物。在生活中，橄榄石是一种宝石，它呈现淡绿色、黄绿色乃至褐色，能透光，它的颜色由于铁元素的含量不同而不同，品相好的橄榄石价格不菲。

▲ 橄榄石（图 / 周昆）

（2）辉石

辉石也是一种镁铁硅酸盐，是一种最普通的造岩矿物，是顽火辉石、铁辉石和硅灰石的混合体。它主要分布在基性 − 超基性岩浆岩和变质岩中，晶型为短柱状，半透明，有玻璃光泽，常被人误认为是水晶。

（3）长石

长石是钙钠钾铝硅酸盐，是地球最重要的造岩矿物，它在地壳中比例高达 60%，在火成岩、变质岩、沉积岩中有可能出现。长石是陶瓷和玻璃工业的主要原料，有的长石具有美丽的变彩或晕色，可被用作制造宝石的材料。

（4）铁纹石

铁纹石是由铁和镍组成的金属矿物，镍含量占 5% ~ 7%。地球上不存在铁纹石，它只出现在陨石中。

（5）镍纹石

镍纹石是由铁和镍组成的金属矿物，其中镍含量占 20% ~ 65%。地球上不存在镍纹石，它只出现在陨石中。

▲ 铁镍陨石的维斯台登构造（图 / 周昆）

3.　如何鉴别陨石

随着人们对科学知识的深入认识和对陨石的进一步关注，对陨石真假的鉴定需求变得越来越高。我们在此对陨石的初步鉴别进行一个简单归纳。

首先介绍石陨石的鉴别。石陨石的数量最多，所以我们遇到它的概率更大，一块完整的石陨石应具有以下特征：进入大气层时被烧灼的表面会形成黑色的"熔壳"；有高速飞行时和大气碰撞而形成的、形似豆腐脑坑的"气印"；石陨石的含铁量虽然不高，但依然具有微磁性，这也可以作为一个鉴别标准。但是，地球上很多的石头和陨石非常相似，哪怕我们用专业设备把石头切开，看见了石头内部一圈一圈的球粒结构，也不能判断它就是石陨石中的球粒陨石，比如地球上的超基性岩、基性岩等都和球粒陨石非常像，还有很多花岗岩中有类似球粒陨石的构造，也经常被误认为是球粒陨石。所以说，陨石的鉴定是非常专业的事情，切不可轻易盲从盲信。

其次介绍铁陨石的鉴别。如果我们发现了一块生锈的"大铁疙瘩"，可以先观察它的外观和重量，有经验的爱好者会给"大铁疙瘩"切一个横断面以观察其内部，但即便是切出了白色的断面也不能判断它就是铁陨石。还有一种常用的鉴别方法是用化学制剂浸泡"大铁疙瘩"，看看能不能泡出一种奇特的花纹，即维斯台登结构，这是陨石在宇宙空间用几千万年时间慢慢冷却才形成的独特纹路，是铁陨石的"身份证"，但一般人不具备这种鉴定能力。只根据外表和重量进行判断，失误率是极高的，因为地球上的赤铁矿、磁铁矿、褐铁矿，甚至炼铁炉渣的外观很容易和铁陨石混淆，陨石交易市场上最常出现的"冒牌货"就是这些。

最后介绍橄榄陨石的鉴别。相比前两种陨石，橄榄陨石的目视鉴定成功率较高，这是因为只要切开橄榄陨石，就能看到在其断面上，黄绿色的橄榄石混杂分布在白色的铁基质里面，一旦有这种特征，很大概率就可以判断这是一块橄榄陨石。如果没有十足的把握，可以把切片邮寄给青岛艾山天文台和青岛理工大学联合创办的陨石鉴定实验室，我们可以用专业设备进行准确鉴定。

地球是在曾经的宇宙大混乱中生成并逐渐演变到今天的，陨石曾经在地球上非常普遍，只不过亿万年的时光持续改变着地球的原始风貌，让原本随处可寻的陨石变得极难寻找，特别是在人类活动频繁的地方，陨石的踪迹更难寻觅。此外，地球表面主要是海洋，大量的陨石陨落其中。目前，地球的南北两极、戈壁滩和沙漠依旧是受人类影响较小的地方，所以在这些地方找到陨石的概率更大。世界上有专门的陨石猎人和陨石交易市场，很多陨石猎人拥有私人飞机，每天飞行在无人区的上空搜寻陨石。南极科考队和北极科考队每次出发，也会带着去极地搜寻陨石的任务。但对于普通人来说，有没有什么别的方法找到陨石呢？

答案当然是肯定的。在我国古代和近现代的文献记录中，有很多关于陨石的记载，这些记载虽不能全信，但也可以是一条线索。即使是过去了很多年，我们在自己生活的周边依旧可能有惊喜的发现。另外，对陨石特性的了解也可以帮助你在日常生活中发现脚边那一块与众不同的石头是否是陨石。

第 章

和陨石相关的地名

近 10 年来，笔者遍访山东各地，寻找和整理与陨石有关的地名、村名，收获颇丰。根据调查发现，山东省内这些与陨石相关的地名基本来自明朝洪武年间，那时中国正在进行大规模的南北移民工程，连年战乱导致北方人口不足的情况得到了改善，在这个过程中，人们把更多疑似有陨星遗迹的地方建成了村庄。本意介绍几处与陨石有关的地名，如果读者还知道哪些地方有这样的地名，欢迎来信与笔者交流，在此先表示感激。

1. 星星山、北落星村与南落星村（泰安宁阳）

2004 年，山东泰安宁阳县的一名天文爱好者邀请笔者，说他们那里有一堆陨石，还有几个用陨石命名的地方。这位爱好者名叫朱开远，是一名漫画家，曾经在 2005 年左右订阅过《天文爱好者》杂志的朋友一定很熟悉这个名字。这件事启动了笔者搜寻和整理陨石地名和搜集古籍中陨石线索的计划，至今从未间断。

宁阳县曾经是个大名鼎鼎的地方。宁阳自古出产蟋蟀，其个大声响，斗性十足，封建社会的纨绔子弟和宫廷中人都会在夏末秋初大批购买宁阳蟋蟀玩乐，即使是现在，立秋的时候，很多城市中也会出现宁阳的商贩销售蟋蟀，这已经成了当地村民增收的产业。

在宁阳堽城镇有两个相邻的村子，一个叫南落星村，另一个叫北落星村。村口的村名碑上说，明洪武年间，有星陨落于此，故名。在南落星村北，有一堆"怪石"是由几十块巨石组成的，石质、外观与方圆百里的石头不同，怪石内里为红褐色，表面为黄黑相间的杂色，大大小小的"马蹄印"遍布其上，被当地村民称为"星星山"。此外在前往星星山的路中有一条小河沟，名为"星星沟"，上面有一座简易的石桥，当地人起名为"对星门大桥"，可见当地人对这些

▲ 青岛艾山天文台工作人员在宁阳考察

"天外来客"的重视程度。

星星山并不高，但在平原上非常扎眼。可以发现，星星山在当地是很奇特的存在，附近没有相同的矿物。所以当地人对它来自太空深信不疑。当地政府为了保护它，在周围建起围墙，但是依旧挡不住"偷星者"的脚步。

2004 年，笔者在此取样进行化验，发现星星山含有赤铁矿，但在后期的多次采样化验中发现了大量石英成分。一般来说，陨石是绝对不会含有石英这种带水矿物的，但是考虑到这里处于汶河平原，古时曾有河流穿过，所以，石英是不是陨石陨落后又受到河流长时间冲刷的结果，目前还不能下结论。

2. 星儿石、前石庙村与后石庙村（烟台莱阳）

烟台莱阳盛产一种水果，名莱阳梨，可谓梨中极品，莱阳也因此被称为"中国梨乡"。在莱阳市万第镇有两个村子，分别叫前石庙村和后石庙村，它们的分界线就是一片位于高处的巨石堆，村中相传这是天上掉下来的一颗星星，取名"星儿石"。笔者在 2011 年夏季前去探访时，正值暴雨季结束。车在狭窄的村道里行驶时不慎侧翻到旁边的沟里，正当我们一筹莫展时，当地 8 名村名脱下衣服跳入泥水中，费了好大的劲儿用了一个多小时才将车扶正，事后分文不取，让笔者无比感动。

因深信此石自天上来，附近村民将其视为祥瑞，当作神灵祭拜，久而久之被供为石庙。距离"星儿石"不远，有一座小石山处在最高点的位置上。经过简单测量，这堆石头周长大约为 50m，高出地面约 4m，由 7 块巨大的石块构成，在周边还散落着一些小的石头，石块深嵌地下的部分无法测量深度。经走访，方圆 5km 内没有相同矿物。如今，石堆风化非常严重，已看不出任何陨石外部特征，埋在土下的部分石头外面有黑色烧痕，但并不能代表这就是与大气层摩擦

▲ 突兀的"星儿石"（图 / 周昆）

所形成的，所以还不能确定它们是陨石。站在石堆上向四周眺望，你会发现"星儿石"方圆 1km 范围内的土地明显下陷，如同一个大坑，难道这是一个陨石坑吗？

　　走访中，不时有村民来看热闹，得知是来探究"星儿石"的，大家都打开了话匣子。前石庙村村民王玉兰说，她的奶奶告诉过她这是天上掉下来的石头，当时老祖宗从南方迁来后，对这堆石头极其崇拜，天天焚香祈福。而持王玉兰这种态度的人在村里占了绝大多数。另一位姓王的村民说得更加详细："我听老人说，可能几千年前吧，一颗星星掉下来了，到了这里以后炸开了，掉下来一个角，就落在这里了，剩下的那些一直往西飞走了。"村民说到"星儿石"的时候眉飞色舞，各种传说源源不断地汇集到笔者耳朵里，一时间成了传说故事会。

3. 星石庄（青岛即墨）

　　明太祖朱元璋把隋唐时的府兵制加以改进，形成明代最重要的军事体系——卫所制。卫下设指挥使一职，统兵 5600 人。在目前的青岛市辖区内共有两卫两所，分别是鳌山卫、灵山卫、浮山所、雄崖所，当时主要用于抵御倭寇。在如今的鳌山卫，有一个村子名为星石庄，明洪武年间，于姓迁此定居，因村头有一块大石疑为陨星，故名。清同治年间，《即墨县志》改名为松树庄，1980 年地名普查时，恢复星石庄。

▲ 星石庄有很多这样的大石头（图 / 周昆）

星石庄村前的大石头说法不一，因为这个村子里有太多的大石头，而且都很圆润，这个地方距离海岸线很近，所以不排除是海水侵蚀的结果。村内的石头有一个普遍的特征，它们都有一层黑色的外壳，这似乎和陨石熔壳有些类似，但经过近 20 种样品分析发现，它们所含物质不符合陨石标准，那块被认为是陨石的大石头很有可能是因为内陆迁徙过来的人没有见过大型的被海水侵蚀的石头，误以为是陨星下落。

4．大星石（青岛红岛）

在胶州湾的北部有一个距离陆地很近的小岛，因位于青岛之北而被称为"阴岛"，又传说因秦始皇东巡琅琊台时路过此地，见道上树木成荫，而定名"荫岛"。此岛后改名"红岛"，沿用至今。岛上滩涂众多，村民世代以渔业和盐业为生。

1946 年出版的《青岛指南》一书中记载：东大洋村西北荒滩中有大石，相传明时有天星陨落于此，因呼作"星儿石"。近年来，笔者多次赴青岛东大洋村进行探寻，均无果。走访了解，该石大约一人高，在 60 年前已经被放进熔炉炼钢，所以无从获得标本。如此说来，如果村民的表述为真，那么至少可以确定这块石头是金属材质，而在海边滩涂上有巨大的金属石块是不正常的，所以这极有可能是一块巨型的石铁陨石或者铁陨石。如果真如笔者推测，那么不知道它与 2014 年在城阳出土的那块重约 3000kg 的铁陨石有何关联，这个答案可能永远都无法解开了。

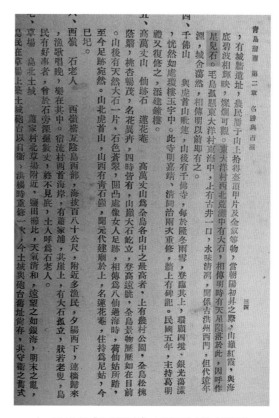

▲ 1946 年《青岛指南》中的记载（图 / 周昆）

5. 大铁牛庙村（临沂莒南）

在距离青岛艾山天文台 160 多千米之外的山东临沂坪上镇有一个名为大铁牛庙的村子，春秋时期为莒国所在地，之所以取此地名是因为这里有一块形似铁牛的大铁疙瘩。村民世代繁衍于此，也不明白这个铁疙瘩的来历。1985 年，经南京大学和南京地质矿产研究所的专家鉴定，这个铁疙瘩是一块巨大的陨石，而且是目前世界上最大的石铁陨石，遂被命名为"莒南铁牛石铁陨石"。经测定，该陨石地下部分总长约 140cm，最大宽度约为 80cm，上下厚度为 40cm 左右，最大厚度约为 80cm，体积约为 $0.6m^3$，重量约为 4t。陨石主要成分为铁质，其次为硅、铝、镍等，还含有少量的铬、磷、硫和碳质组分等，该陨石主要矿物成分为镍纹石、斜顽辉石和石英等，其次要矿物成分为陨硫铁矿、陨磷铁镍矿、铬铁矿、石墨和磁铁矿等。据专家推测，该陨石的陨落日期大约在唐代，自陨落至今，一直无人搬动过。20 世纪 50 年代，曾有人试图将其熔化炼钢，但因锯不开、砸不碎而作罢。

6. 落星坡（潍坊临朐）

在山东潍坊市临朐县柳山镇，有一个名为落星坡的地方。有很多陨石爱好者来此搜寻陨石。相传数百年前，纪山西脉终端，有岭丘于英山河畔，谷木不生，人迹罕至。忽一夜，隆隆巨响于空中，非雷电，非飓风，似山崩地裂，如虎啸龙吼。刹时，地动山摇，震耳欲聋。翌日，岭丘之阳，方圆一里，数百黑石散落一坡，巨如房、微如磨，或陷于地，或露于外，俱一色。人云，星石落地也。落星坡之名，由此得之。20 世纪六七十年代，数百星石被劈为石材，筑坝砌堰。

落星坡在陨石圈里小有名气，这是因为疑似的陨石遗迹并不难寻，目前依旧在方圆几百米范围内有矿物留存。但是笔者通过采样发现，这些石头很多是普通的铁矿石，还有大量的长石。很多人把长石误认为是高温冲击下的二氧化硅，至少从如今采集的标本的分析结果来看，它们并非陨石存在于此地的有力证据。此外，这里也是第四纪冰川影响的区域，很多因为长时间滴水而产生的冰臼被认为是气印。但是，文献中又明确记载着临朐有陨石的。落星坡的矿石分布很广，不能从小范围采样就下结论，所以还需要在更广泛的标本中寻找答案。

第14章

古籍中的流星和陨石

　　我国有着丰富的天象记载，其中关于流星和陨石的记载量极为庞大，这些文献对研究星空具有重要的意义。本书的对象是流星，即使是科技发展到今天，每当看到流星，我们的激动心情也是与先贤相似的。古代的天象记录者是那个时代最坚毅的观天者，而我们也是当今的天象记录者。我们有感于古人丰富记载的同时，想象一下几百上千年后，我们的记录很有可能和古人的记录一起被编入那个时代的书籍中。所以，本书将从古籍中寻找具有代表性的 100 多条记录，从中寻找仰望星空的那份执着。这些古籍中对流星和陨石的记录详细而形象，堪称古代的标准报表，从中我们不仅能够确定天象发生的时间、颜色、位置和状态，还能根据如今的知识推算出它有可能出自哪个流星群或者属于陨石的哪个类别，堪比当今的流星监测网。我们与古人在这一刻，携手仰望星空，看流星划过天空。

▲ 壮观的流星雨（图 / 周昆）

1. 古文献中关于流星的部分记载

　　（1）春秋周襄王四年三月庚午（公元前 648 年），星昼陨于秦，有声。《通鉴外记》

　　（2）秦二世二年（公元前 208 年），项羽救钜鹿，枉矢西流。《通志》

（3）汉文帝后元二年八月庚午（公元前 162 年 9 月 2 日），有天狗下梁野，天狗如大流星，有声，在其地类狗，光炎如火，数数顷地。《前汉纪》

（4）汉昭帝元平元年二月乙酉（公元前 74 年 4 月 8 日），祥云如狗，赤色，长尾三枚，夹汉西行。《汉书·天文志》

（5）汉和帝永元元年正月辛卯（公元前 89 年 2 月 2 日），有流星起参，长四丈。《后汉书·天文中》

（6）汉献帝初平四年（193 年），有流星八九丈，西北行，有声如雷，望如火照地，是曰天狗。《太平御览》

（7）三国蜀后主章武十二年（234 年），有星赤而芒角，自东北西南流投于亮营，三投再还，往大还小，俄而亮卒。《三国志·蜀书·诸葛亮传》

（8）三国魏元帝景元四年六月（263 年 7 月 23 日—8 月 20 日），有大星二，并如斗，见西方分流南北，光烛地，隆隆有声。《晋书·天文志》

（9）晋穆帝永和十年四月癸未（354 年 5 月 14 日），流星大如斗，色赤黄，出织女，没造父，有声如雷。《晋书·天文志》

（10）北魏太武帝始光元年十月壬寅（424 年 11 月 21 日），大流星出天将军，西南行，殷殷有声。《魏书·天象志》

（11）南朝宋文帝元嘉七年十二月丙戌（431 年），有流星大如瓮，尾长二十余丈，大如数十斛船，赤色，有光照人面，从西行经奎北大星南过，至东壁止。《宋书·天文志》

（12）北魏太武帝延和元年七月（432 年 8 月 12 日—9 月 10 日），有大流星出参左肩，东北入河乃灭。《魏书·天象志》

（13）南朝宋孝武帝大明五年六月（461 年 6 月 24 日—7 月 22 日），有流星白色，大如瓯，出王良，西南行没天市中，尾长数十丈，没后余光良久。《宋书·天文志》

（14）北魏孝文帝太和七年六月庚午（483 年 8 月 12 日），辰时，东北有流星一，大如太白，北流破为三段。《魏书·天象志》

（15）唐太宗贞观十六年六月甲辰（642 年 7 月 22 日），西方有流星如月，西南行三丈乃灭。《新唐书·天文二》

（16）唐睿宗延和元年六月（712 年 7 月 9 日—8 月 7 日），幽州都督孙佺讨奚、契丹，出师之夕，有大星陨于营中。《新唐书·天文二》

（17）唐宪宗元和六年三月戊戌（811 年 3 月 31 日），日晡，天阴寒，有流星大如一斛器，坠于兖郓间，声震数百里，野雉皆雊，所坠之上，有赤气如立蛇，长丈余，

至夕乃灭。《新唐书·天文二》

（18）宋太宗淳化元年十一月壬午（990年11月30日），流星出天关，南行，历东井、郎位、摄提，至大角东北坠于地，光芒四照，声如溃墙。《宋史·天文十》

（19）宋仁宗嘉祐三年七月乙酉（1058年8月8日），星出北河，如太白，赤黄色，东南缓行，散为数道，至狼没，尾迹凝天。《宋史·天文十》

（20）元世祖至元十七年十月十九（1280年12月12日），夜，有大星陨于正寝之旁，流光照地，久之方灭。是夕，希宪卒。《元史·廉希宪传》

（21）元顺帝至正十七年十二月己亥（1358年2月8日），流星如金星大，尾约长三尺余，起自太阴，近东而没，化为青白气。《元史·顺帝》

（22）明太祖洪武三年十月庚辰（1370年11月13日），夜一鼓，有星大如鸡子，赤色，起自天桴，东南行至垒壁阵，发光如杯大，青白色，有尾，至羽林军，爆散有声。后有三、五小星随之，至土司空傍，复发光芒烛地，忽大如碗，青白色，曳赤尾至天仓没，须臾，东南有声。《明太祖实录》

（23）明太祖洪武十二年闰五月丙辰（1379年7月5日），夜，有星大如鸡子，色青白，起自腾蛇，至云中没。《明太祖实录》

（24）明太祖洪武二十二年七月甲午（1389年8月19日），夜，有星自外屏，西南流三丈余，化为白云。《国榷》

（25）明惠帝建文四年七月乙未（1402年8月12日），夜，有星如鸡子大，青赤色，有光，出垒壁阵，东南行，抵触北落师门。《明太宗实录》

（26）明成祖永乐三年三月己未（1405年4月22日），夜，有星如碗大，青赤色，有尾，光烛地，出角宿，有声，西北行，入井炸散。《明太宗实录》

（27）明仁宗洪熙元年三月乙亥（1425年3月24日），夜，有三星大如鸡子，色青白，一见翼宿，一见屏内，一见天市西垣。《明仁宗实录》

（28）明宣宗宣德元年九月甲寅（1426年10月24日），夜，有流星大如杯，色青白，光烛地，起天仓，西南行至坟墓炸散。《明宣宗实录》

（29）明英宗正统元年九月丙申（1436年10月13日），夜，有流星大如杯，色青白有光，出参宿，东南行至狼星旁，有二小星随之。《明英宗实录》

（30）明景帝景泰二年五月丙午（1451年6月7日），昏刻，有流星大如杯，色青白，光明烛地，出轩辕，西北行至游气，五小星随之。《明英宗实录》

（31）明宪宗成化五年六月乙丑（1469年7月21日），夜，北方流星大如盏，

赤色，光明烛地，自勾陈旁，西行至天纪，尾迹炸散。《明宪宗实录》

（32）明宪宗成化七年十一月甲辰（1471 年 12 月 17 日），夜，西方流星如盏大，青白色有光，自天津，西南行近浊，南行至昴宿。《明宪宗实录》

（33）明宪宗成化十六年八月十日（1480 年 9 月 13 日），酉时，天火坠如碗，碧烟竟天，良久方息。《吴县志》

（34）明宪宗成化二十年九月己亥（1484 年 10 月 4 日），山西泽州星陨如雷。《明宪宗实录》

（35）明孝宗弘治四年二月乙亥（1491 年 4 月 7 日），凉州星陨如月，指挥使徐廉不以闻。《国榷》

（36）明孝宗弘治五年九月丁亥（1492 年 10 月 10 日），河南信阳州，有大星红光映天，自西北流至东北而陨，声如鼓。《明孝宗实录》

（37）明神宗万历十一年六月四日（1583 年 7 月 22 日），夜半，有流星如月，自北方向东南坠，白气如烟，久之始灭。《东昌府志》

（38）清世祖顺治四年十一月庚申（1647 年 12 月 19 日），夜，流星大如碗，赤色，有声，起自天中，西北行至近浊，光照地，鸡犬惊鸣。《大清世祖实录》

（39）清世祖顺治七年七月（1650 年 7 月 28 日—8 月 26 日），星陨，大如轮，光数丈。《江南通志》

（40）清世祖顺治十三年七月二十九（1656 年 9 月 17 日），夜五更，有星大如斗，往南下坠，光耀遍天。《揭阳县志》

（41）清圣祖康熙二年正月初二（1663 年 2 月 9 日），流星大如月，光烛地，自南而北。《莱阳县志》

（42）清圣祖康熙六十一年十一月初五（1722 年 12 月 12 日），辰巳之交，大星晨陨。有星自东南流陨西北，大如斗，光烈于炬，声如雷，其响迅而长，屋宇震动，人畜皆惊。《武乡县志》

（43）清世宗雍正元年上元（1723 年 2 月 19 日），夜，天门开，有声如涛，后如雷震，碧练光明，广如百斛船。《江南通志》

（44）清高宗乾隆元年九月（1736 年 10 月 5 日—11 月 2 日），星陨于西南方，白气如云，经天不散。《长泰县志》

（45）清高宗乾隆十八年七月甲戌（1753 年 8 月 19 日），三更，流星如杯，出奎宿，色赤，入云，有光，有尾迹。《清史稿·天文志》

（46）清仁宗嘉庆元年七月十六日（1796 年 8 月 18 日），午时，大鼓鸣，有大星如斗，自东南落于西北，有声，同时萧县无云，天雷。《江苏通志》

（47）清宣宗道光五年（1825 年），有大星，头如箕，身如龙，长十余丈，自东而西，白光烛地。《枣阳县志》

（48）清文宗咸丰元年八月二十八日（1851 年 9 月 23 日），随州有天火，自西南流东北，其光烛地，有声如鼓。《清史稿·灾异志》

（49）清穆宗同治四年四月初五（1865 年 4 月 29 日），有大星如斗，自东南坠西北，声震如雷。《永城县志》

（50）清德宗光绪二十六年七月壬戌（1900 年 8 月 16 日），夜，南乐有火光流空中。《清史稿·灾异志》

▲ 双子座流星雨（图 / 周昆）

2. 古文献中关于流星雨的部分记载

（1）夏癸十年（约前 16—17 世纪），夜中，星陨如雨。《竹书纪年》

（2）鲁庄公七年四月辛卯（前 687 年 3 月 23 日），夜，恒星不见，夜中星陨如雨。

《春秋经传集解》

（3）汉成帝永始二年二月癸未（前 15 年 3 月 24 日），夜过中，星陨如雨，长一二丈，绎绎未至地灭，至鸡鸣止。《汉书·五行志》

（4）汉光武帝建武十二年正月己未（36 年），小流星百枚以上，或西北，或正北，或东北，二夜止。《后汉书·天文志》

（5）晋武帝泰始四年七月（268 年 7 月 27 日—8 月 24 日），众星西流。《晋书·武帝纪》

（6）北魏高宗太安四年三月（458 年 3 月 31 日—4 月 28 日），流星数万西行。《魏书·天象志》

（7）南朝宋武帝大明五年三月（461 年 3 月 27 日—4 月 25 日），有流星数千万，或长或短，或大或小，并西行，至晓而止。《宋书·天文志》

（8）南朝梁简文帝大宝二年六月庚戌（551 年 7 月 26 日），夜有流星无数，皆向北及西北流，从羽林，飞入紫微宫，甚众，亦向河鼓、织女等星。《开元占经》

（9）隋高祖开皇五年八月戊申（585 年 9 月 23 日），有流星数百，四散而下。《隋书·高祖纪》

（10）唐中宗景龙四年六月（710 年 7 月 2 日—30 日），二鼓，天星散落如雪。《日知录》

（11）唐玄宗开元二年五月乙卯晦（714 年 7 月 15 日），有星西北流，或如瓮，或如斗，贯北极，小者不可甚数，天星尽摇，至曙乃止。《新唐书·天文志》

（12）唐文宗开成四年三月二十三日（839 年 5 月 10 日），一更到五更上方及四方，有流星大小百余交横出灭。《唐会要》

（13）五代唐庄宗同光三年六月庚寅（925 年 7 月 22 日），众星流，自二更尽三更而止。《新五代史·司天考》

（14）辽太祖天显九年九月庚子（934 年 10 月 13 日），西南星陨如雨。《辽史·太祖纪》

（15）宋仁宗景祐四年七月戊申（1037 年 8 月 21 日），有星数百西南流至东壁，大者其光烛地，黑气长丈余，出毕宿下。《宋史·仁宗纪》

（16）明英宗正统四年八月癸卯（1439 年 10 月 5 日），自夜达旦，有流星大小二百六十余。《明英宗实录》

（17）明世宗嘉靖十一年十月初七日（1532 年 11 月 3 日），夜，星陨如雨，有光，

天为赤色，散落四方。《山西通志》

（18）明神宗万历二十九年十月十一日（1601 年 11 月 5 日），夜五更，有星变如雨。《漳州府志》

（19）明神宗万历三十年九月二十四日（1602 年 11 月 7 日），颍州见流星蟠曲如龙，向西南落，小星万余随之。《凤阳府志》

（20）明熹宗天启三年九月甲寅（1623 年 10 月 22 日），固原州星陨如雨。《明史·天文志》

（21）清世祖顺治二年六月二十三日（1645 年 7 月 16 日），城外见城内天星散落如雨。《嘉兴府志》

（22）清圣祖康熙五年六月辛未（1666 年 7 月 23 日），夜，天星乱流如织。《增补卢龙县志》

（23）清圣祖康熙二十一年八月初十日（1682 年 9 月 11 日），夜二更，大小星数百坠下鸡笼山。《台湾外纪》

（24）清高宗乾隆五十九年正月（1794 年 1 月 31 日—3 月 1 日），剑川流星遍野。《云南通志》

（25）清高宗乾隆五十九年（1794 年）冬，雅安见众星西陨，势如飞萤。《雅安县志》

（26）清仁宗嘉庆二年十月晦日（1797 年 12 月 17 日），夜半，星陨如雨，尽趋西南，火焰蓬勃，久之乃止息。《晋祠志》

（27）清仁宗嘉庆二年（1797 年）冬，夜，北方星陨如雨，复见北天面一半青苍，星影寥寥。《泰顺分疆录》

（28）清宣宗道光十八年十月二十日（1838 年 12 月 6 日），府城满天星飞。《普洱府志》

（29）清文宗咸丰元年七月十五日（1851 年 8 月 11 日），夜，星南走如箭，二时许乃止。《宁河县志》

（30）清文宗咸丰三年正月己巳（1853 年 3 月 3 日），既昏，有火如星如燐，以千百计，自西南趋东北，隐隐闻甲马声，凡四、五夜。《通州直隶州志》

（31）清文宗咸丰四年（1854 年），流星南飞如雨，数夜不止。《平阳县志》

（32）清文宗咸丰十一年七月（1861 年 8 月 6 日—9 月 4 日），流星南飞，密如缕。《即墨县志》

（33）清穆宗同治元年七月十六日（1862 年 8 月 11 日），初昏，众星交陨。多趋西南，纵横如织，夜分始息。《登州府志》

（34）清穆宗同治三年九月（1864 年 10 月 1 日—10 月 29 日），天有白气，少间星陨如雨。《京山县志》

（35）清穆宗同治五年九月二十六日（1866 年 11 月 3 日），夜半，天如昼，金光坠，如雨粟。《新昌县志》

（36）清德宗光绪三年七月十七、十八、十九（1877 年 8 月 25—27 日），三夜，天星过位，往来如箭，满天星斗皆乱。《藤县志》

（37）清德宗光绪八年十月庚辰（1882 年 12 月 17 日），众星自艮方流至坤方，陨如雨。《武阳志余》

（38）清德宗光绪八年十一月十三日（1882 年 12 月 22 日），夜，流星多如烟火，光满天际。《浙江续通志稿》

（39）清德宗光绪十一年七月（1885 年 8 月 10 日—9 月 8 日），星陨如雨数夕。《紫阳县志》

（40）清德宗光绪十一年十月十三日（1885 年 11 月 19 日），晚亥、子之际，星陨如雨，天星暗，移时，咸、长、泾、原等属尤甚。《周至县志》

（41）清德宗光绪十一年十月二十日（1885 年 11 月 26 日），夜，灵台县星陨如雨，顷刻星稀不见。《甘肃新通志》

（42）清德宗光绪十一年十一月二十一日（1885 年 12 月 26 日），繁星乱流，自北至东南，终夜有声。《青浦县志》

（43）清德宗光绪十四年二月丙戌（1888 年 3 月 16 日），星陨如雨，三日始复。《峄县志》

（44）清德宗光绪十七年三月八日（1891 年 4 月 16 日），亥时，星陨如雨，霎然有声，天乍昏黑，经数刻复朗如故。《蓝田县志》

（45）清德宗光绪二十五年十月十二日（1899 年 11 月 14 日），夜丑刻，星陨如雨。《蒸里志略》

（46）清德宗光绪二十八年六月十九日（1902 年 8 月 2 日），夜，有星向东散落如雨。《万源县志》

（47）清德宗光绪三十年（1904 年）秋，有星大如斗，自北流，数十小星随之，至西而没。《灵山县志》

（48）清德宗光绪三十二年九月初七日（1906 年 10 月 24 日），夜明，声自西南来，空中流星乱落。《临沂县志》

（49）清末帝宣统元年正月初十日（1909 年 1 月 31 日），满天星移，方向无定。《姚安县志》

▲ 划过天际的流星（图 / 周昆）

3. 古文献中关于陨石的部分记载

（1）宋真宗天禧三年正月晦（1019 年 3 月 8 日），沈丘县民骆新田闻震，顷之，陨石入地七尺许。《宋史·五行志》

（2）宋英宗治平元年（1064 年），常州日禺时，天有大声如雷，乃一大星几如月，见于东南。少时而又震一声，移著西南。又一震而坠在宜兴县民许氏园中，远近皆见。火光赫然照天，许氏藩篱皆为所焚。是时火息，视地中只有一窍，如杯大，极深，下视之，星在其中荧荧然。良久渐暗，尚热不可近。又久之，发其窍，深三尺余，乃得一圆石，

犹热，其大如拳，一头微锐，色如铁，重亦如之。《梦溪笔谈·神奇》

（3）元顺帝至正五年十一月甲午（1345 年 12 月 8 日），夜，一星陨于余轰后山，碎为四石；一星陨于佛奥，化为石，今尚存。《长沙府志》

（4）元顺帝至正二十三年六月庚戌（1363 年 7 月 23 日），益都临朐县龙山有星坠入于地，掘之深五尺，得石如砖，褐色，上有星如银，破碎不完。《元史·五行志》

（5）明英宗天顺四年二月（1460 年 2 月 22 日—3 月 22 日），陕西庆阳陨石，大者四、五斤，小者二、三斤，击死人以万计，又有传石能言，可骇。《明通鉴》

（6）明庄烈帝崇祯十二年（1639 年），有大石忽陨于小市街，坏居民数十楹，死者数十人。《长寿县志》

（7）清圣祖康熙五十八年十二月朔（1720 年 1 月 10 日），长畬黄昏后，闻有烈炮声自东方，少焉近南，从空坠一物，闪闪有光，大如鹅卵，铁质，甚热，作硫磺气。《长宁县志》

（8）清德宗光绪三十三年七月二十八日（1907 年 9 月 5 日），瓮里新牌卫石陨，万登奎全家压死。《瓮安县志》

（9）清末帝宣统元年三月初一日（1909 年 4 月 20 日），未时，有流星如火箭，自西北陨于东南，落大乘山西，形如狗头，似煤有气。《方城县志》

（10）清末帝宣统三年九月初十日（1911 年 10 月 31 日），横山乡忽闻西南有声如雷，旋见波烟一股天半飞来，陨下一石，坠于龙潭沟贾姓田中，形如土砖，色如火石。《遂宁县志》

第15章

青岛艾山天文台全国流星监测网部分站点火流星赏析

▲ 青岛艾山天文台全国流星监测网东营中心站捕获的火流星（图 / 王磊）

▲ 青岛艾山天文台全国流星监测网临淄站捕获的火流星（图 / 王磊）

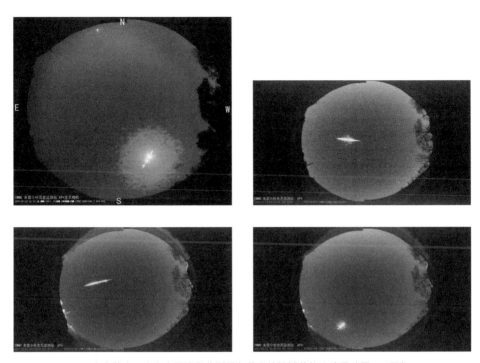

▲ 青岛艾山天文台全国流星监测网东营小杜站捕获的火流星（图 / 王磊）

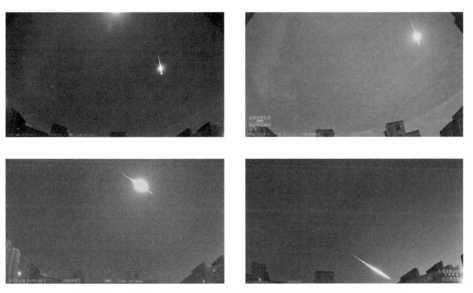

▲ 青岛艾山天文台全国流星监测网连云港中心站捕获的火流星（图 / 刘广亮）

▲ 青岛艾山天文台全国流星监测网临沂中心站捕获的火流星（图 / 任传峰）

▲ 青岛艾山天文台全国流星监测网北京第三子站捕获的火流星（图 / 焦艳东）

▲ 青岛艾山天文台全国流星监测网徐州中心站捕获的火流星（图／刘频）

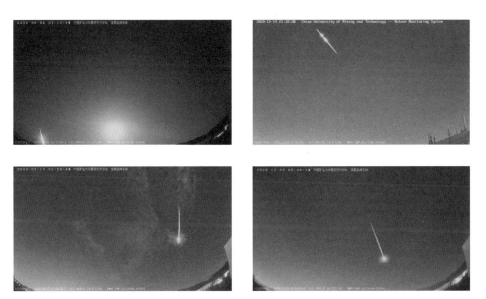

▲ 青岛艾山天文台全国流星监测网中国矿业大学站捕获的火流星（图／王瑞）

▲ 青岛艾山天文台全国流星监测网高州中心站捕获的火流星（图 / 邓建福）

▲ 青岛艾山天文台全国流星监测网青岛李沧子站捕获的火流星（图 / 王杨）

▲ 青岛艾山天文台全国流星监测网淄博中心站捕获的火流星（图 / 张健）

▲ 青岛艾山天文台全国流星监测网淄博第一子站捕获的火流星（图 / 房萌萌）

▲ 青岛艾山天文台全国流星监测网云南曲靖站捕获的火流星（图 / 王耀磊）

▲ 青岛艾山天文台全国流星监测网上海第二子站捕获的火流星（图 / 邵淳）

后 记

看着 20 多年的积累变成了白纸黑字，心中感慨万分。在为公众普及流星观测知识的时候，其实没有什么深奥的知识难点，难就难在因网络信息的随意性，正确的声音会瞬间淹没在网络中。这本书的定位是指导性手册，并在编写过程中经过了多次的提炼，最后非常明确地指向"彻底解决去哪看、往哪看、怎么看、什么时间看"这些公众最关心的问题。既为指南，那就是指给公众看。本书对专业观测类的内容并没有进行深入剖析，仅仅是点到而止，有兴趣深入了解的读者可以进一步通过图书或其他方式学习，没兴趣的看这些内容也足够了。

我希望在书中给大家介绍尽可能多的关于流星的知识，不仅限于流星观测，还希望能在古籍中寻找它们的踪迹。记得上初中的时候，我手里只有 3 本关于天文的书，分别是《中国大百科全书天文卷》《天文学概论》，一册不全的《中国古代天象记录总集》。当时我对《中国古代天象记录总集》这本书兴趣不大，只是偶尔翻一翻。但是当我真正地想寻找古籍中关于流星线索的时候，即使是借助网络，依然觉得无从下手。此时，才能深刻体会当年庄威凤和王立兴等前辈耗费 10 年心血编纂此书的艰辛，而作为后辈的我们可以非常轻松地汲取其中的营养，所以在这里必须向前辈们致以最崇高的敬意。

回到一开始提到的，大家一边玩儿还能一边产生科学数据，这是我们最希望看到的。在这个大前提下，青岛艾山天文台全国流星监测网的各个站点的人员都是积极分子。虽然青岛艾山天文台是牵头者，但是如果没有各个站点的加入和支持，监测网也是空谈。在本书的创作过程中，各站点也积极联动，将他们多年来的部分火流星画面提供出来供大家赏析，我相信当读者翻到那几页时，一定会被壮观的画面所吸引。我有必要在这里向这些不从事天文工作，但能以积极的科学态度去持续观测流星活动的各站点人员表示敬意和感谢，他们是真正在家里当天文学家的人，他们也是真正为国家贡献基础数据的人。

看流星是一个永远不会降温的公众话题，它永远都是"网红"。星空带给人们最普通的安慰，也是最高级的慰藉。而流星，则像平静的海面上突然出现的一个个巨浪，让人惊喜后，又让人安静。所以，"去哪看、往哪看、怎么看、什么时间看"流星会一遍遍地被公众提起，一遍遍地被媒体提起，本书则会告诉你答案。

2021 年 3 月 3 日

青岛艾山天文台

参考文献

［1］ 北京天文台. 中国古代天象记录总集 [M]. 江苏：江苏科学技术出版社，1988.

［2］ 中国大百科全书编辑委员会〈天文学〉编辑委员会. 中国大百科全书天文卷 [M]. 北京：中国大百科全书出版社，1980.

［3］ 徐伟彪. 天外来客——陨石 [M]. 北京：科学出版社，2020.

［4］ 冯时. 中国天文考古学 [M]. 北京：中国社会科学出版社，2011.

［5］ 吴守贤，全和钧. 中国古代天体测量学及天文仪器 [M]. 北京：中国科学技术出版社，2008.

［6］ 程维明，刘亚军，田泽瑾，等. 月球形貌科学概论 [M]. 北京：地质出版社，2016.

［7］ [汉]司马迁. 史记 [M]. 北京：中华书局，2013.